Adam Risen

Rechenbuch/auff Linien vnd Ziphren/in allerley Handthierung / Geschäfften vnnd Kauffmanschafft.

Mit newen künstlichen Regeln vnd Exempeln gemehret/ Innhalt fürgestellten Registers.

Visier vnd Wechselruthen künstlich vnd gerecht zu machen/ auß dem Quadrat/
Durch die Arithmetic vnd Geometri / von Erhart Helm/ Mathematico zu Franckfurt/ beschrieben.

Alles von newem jetzundt widerumb fleissig ersehen vnd Corrigirt.

Franckf. Bey Chr. Egen. Erben. 1578.

http://www.seemann-henschel.de
http://www.edition-leipzig.de

Unveränderter Nachdruck der Ausgabe von 1574, die bei
Christian Egenolffs Erben in Frankfurt am Main erschien.

Bibliographische Information Der Deutschen Bibliothek
Die Deutsche Bibliothek verzeichnet diese Publikation in der
Deutschen Nationalbibliographie;
detaillierte bibliographische Daten sind im Internet über
http://dnb.ddb.de abrufbar.

ISBN 3-361-00610-4

Diese Ausgabe wurde in Leder gebunden, mit Goldprägung.

Druck und buchbinderische Verarbeitung: Vier-Türme GmbH.
Benedict Press Münsterschwarzach Abtei

Gedruckt auf alterungsbeständigem Papier
mit chlorfrei gebleichtem Zellstoff.

Vorrede in diß Rechenbuch / Adam Risen.

WJe hoch von nöten sey Arithmetic/vnnd die gantze Mathematische Kunst / kan man hierauß leichtlich ermessen/daß nichts bestehen mag/so nicht mit gewisser zahl vnnd maß vereint ist/daß auch kein freye kunst ohn gewisse Mensuren vnd Proportion der zahlen seyn mag / Derohalben billich Plato / als ein haupt der Philosophen/ keinen in sein Schul oder andern Künsten zugelassen/der der zahl nicht erfaren were / als dem nicht möglich / jrgendt in einer Kunst zuzunem̃en/disputirt vnd bestendiglic [illegible] leußt/daß ohn Arithmeticam / Musicam / vnnd Geometriam/ welche in der zahl gegründet / niemandt weise mög genandt werden. Dann diese Kunst/wie Josephus schreibt / nicht von Menschen/ sonder von Gott obenherab gegeben ist. Welches wol besunnen haben die Greci / So sie in einem Sprichwort / jrgendts einem groß lob aller künsten zumessen wolten / sprachen: Er kan zehlen. Auch obgenandter Plato zu einer zeit gefragt ward / wodurch ein Mensch andere Thier vbertreffe? geantwort hat / Daß er rechnen kan / vnd verstandt der zahl habe. Also daß Rechnen ein fundament vnd grundt aller Künste ist / Dann ohne zahl mag kein Musicus seinen Gesang / kein Geometer sein Mensur / vollbringē / Auch kein Astronomus den lauff deß Him̃els erkennen. Dergleichen andere Künst. Isidorus spricht: Nimb hin die zahl von den dingen / so vergehen sie. Vnnd es sey kein vnderscheidt zwischen Menschen vñ vnvernünfftigen Thiern / dañ erkandtnuß der zahl. Derhalben die kunst deß Rechnens andern freyen Künsten billich fürgesetzet wirdt / Angesehen daß andere künst der nicht mangeln mögen. Derhalben hab ich ein gemein leicht Büchlin zusamen gelesen für junge anhebende Schüler / auff der Linien vnnd Federn / mit anhangenden schönen Regeln vnd Exempeln.

Anfänglich folgen die Algoristischen Species.

Numerirn

HEißt zehlen / Lehret wie man jegliche zahl schreiben vnnd außsprechen soll / Darzu gehören zehen figuren / also beschrieben / 1.2.3.4.5.6.7.8.9.0.

Die ersten neun seind bedeutlich / Die zehend gilt allein nichts / sondern so sie andern fürgesetzt wirdt / macht sie dieselbigen mehr bedeuten. Vnd solt wissen / daß ein jegliche vndergesatzte figur an der ersten statt / das ist / gegen der rechten Handt / bedeut sich selbs / An der andern gegen der lincken Handt souiel zehen / an der dritten souiel hundert / vnd an der vierdten souiel tausendt. Das merck in diesen worten: Eins / zehen / hundert / tausendt. Von der rechten Handt zehle gegen der lincken / Vn̄ von der lincken Handt sprich auß gegen der rechten / wie hie:

Linck	7	8	9	5	Recht
	tausendt	hundert	zehen	eins	

Seind aber mehr dann vier ziffer vorhanden / so setze auff die vierdte ein pünctlein / als auffs tausendt / Vnd heb gleich allda widerumb an zuzehlen / eins / zehen / etc. biß zum ende. Als dann sprich auß / souiel punct vorhanden / so manchs tauſendt nenne. Das hundert/ das iſt/ die dritte figur nimb allein in benennung / Als dann die erſte vnd ander mit einander / wie hie folgt.

86789325178

Iſt ſechs vnd achtzig tauſent tauſent mal tauſent/ ſiben hundert tauſent mal tauſent / neun vnnd achtzig tauſent mal tauſent / drey hundert tauſent / fünff vnd zwentzig tauſent/ein hundert acht vnd ſibentzig.

Kompt dir deñ ein zahl zu ſchreiben/ ſo ſchreib das meiſt zum erſten/ wirdt aber außgelaſſen das tauſent / hundert / zehen oder eins / ſo ſetz an dieſelbig ſtatt ein o/ wie hie zu ſchreiben / fünff vnd zwentzig tauſent / vnnd ſiben vnnd dreyſſig/ ſetz 25037. Alſo wirdt für das hundert ein o geſchrieben.

Von den Linien.

Die erſt vnd vnderſte bedeut eins / die ander ob jhr zehen /die dritt hundert/die vierdt tauſent. Alſo hinfurt die nechſt darůber allweg zehen mal mehr denn die nechſte darunder / vnnd ein jegliches ſpacium gilt halb ſo viel / als die nechſt Linien darůber/ Als folgende figur außweiſet.

100000

100000	●	6	Hundert tausendt
50000	●		Fünfftzig tausendt
10000	●	5	Zehen tausendt
5000	●		Fünff tausendt
1000	●	✕	Tausendt
500	●		Fünff hundert
100	●	3	Hundert
50	●		Fünfftzig
10	●	2	Zehen
5	●		Fünff
1	●	1	Eins
½	●		Ein halbs.

Addiren oder

Summiren

HEißt zusamen thun/Lehret wie man viel vnd mancherley zahlen von gůlden/groschen/pfenning vnd hellern in eine summa bringen soll. Thu jhm also: Mache für dich Linien/die theil in so viel feld/als Müntz vorhanden/Lege die fl. besonder/ gro. allein/₰. vnd heller auch jeglich allein / hlr. vnd ₰. mach zu gro. was kompt leg zu den gro. Als dann mach die gro. zu ₰ leg es zu den andern gůlden / nach art eines jeglichen Landes.

Auch soltu mercken/wenn fünff ₰. auff einer Linien ligen/ daß du sie auffhebest/ vñ den fünfften in das nechst spacium darůber legest.

Deßgleichen auch/wann zween ₰. in einem spacio ligen/ so heb sie auff/vnnd lege einen auff die nechste Linien darüber/wie dann die nechsten zwey Exempel/den groschen für 12. ₰. vnd den fl. für 21. groschen gerechnet/klärlich lehren werden.

Item/Einer hat empfangen/ wie hernach verzeichnet.

fl.	groschen	₰.
123	17	9
234	18	7
307	11	5
678	13	6

Wie viel macht es in einer summa? Thu jm also: Leg die fl. in sonderheit/ Deßgleichen die groschen vnd ₰. Mach ₰. zu gr. vnd gr. zu fl. kommen 1344. fl. 19. grosch. 3. ₰.

Ligt also auff den Linien im Banckir.

Erst banckir. | Ander banckir. | Dritt banckir.

fl. | groschen | dl.

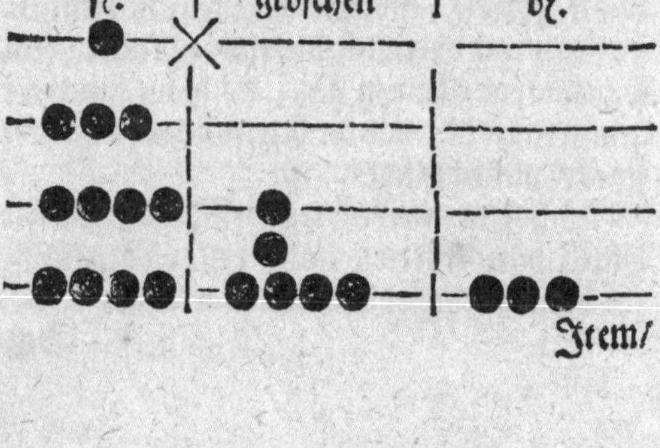

Item/

Item/Einer hat außgeben das nachgeschrieben gelt/wie viel machts in einer Summa?

fl.	groschen	dr.
132	13	8
3456	16	5
789	17	7
67	9	6
282	20	3
4729	14	5 suma.

Proba.

Wiltu probiren/ob du es recht gemacht hast/ so nimb ein zahl nach der andern von der hauptsumma/ in massen du sie auffgelegt hast / bleibet denn nichts ligen / so hastu es recht gemacht.

Subtrahirn

HEißt abziehen/ Lehret wie man ein zahl von der andern nemen soll. Die zahl daruon du nemen wilt / leg auff die Lini/ die ander nimb hinweg. Magstu nichts nemen/ so resoluir der obern pfenning einen / also : Heb jhn auff / leg einen in das nechste spacium darunder / vnnd 5. auff die Linien vnder dem spacio. Ligt aber ein pfenning in einem spacio / vnd soll resoluirt werden / so leg darfür 5. dr. auff die Linien darunder.

Auch merck/ so dir fürkompt abzuziehen gro.

vnd ₰. so die nicht vorhanden / daß du ein fl. in gro. dergleichen ein gro. in ₰. verwechselst / Als dann abnemmest / was hinweg zunemen ist / als folgend Exempel außweißt.

Item / einer ist mir schuldig 396. fl. 8. gro. vnd 7. ₰. hat daran geben 279. fl. 16. gro. 9. ₰. Wie viel ist er noch schuldig? Machs also / Leg auff das gelt das man schuldig ist / vnd nimb hin weg das gegeben ist. So bleibt ligen 116. fl. 12. gro. 10. ₰. So viel ist er noch schuldig.

Ligt also auff den Linien.

Schuldt.

Daran bezahlt.

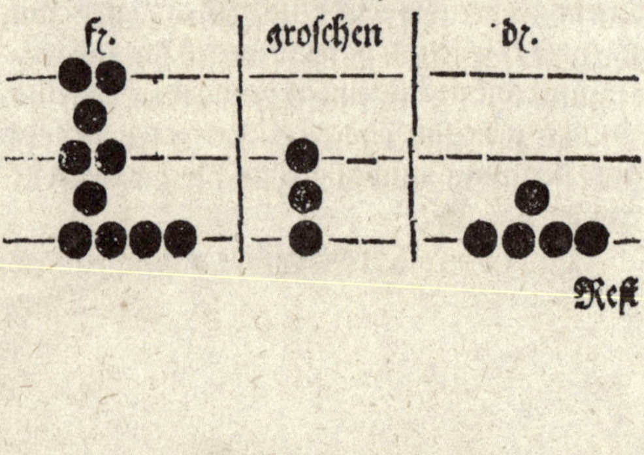

Rest noch.

Proba.

Wiltu probiren ob das recht sey/ so leg die abgezogen zahl zur vberbleibenden/ kompt wider die erste auffgelegte zahl/ so ists recht.

Dupliren

HEißt zweyfältigen / Ist nichts anders dann mit 2. multiplicirn / thu jhm also: Lege auff die zahl/ welche duplirt soll werden/ schreib 2. für dich/ greiff zu oberst da die S. ligen.

Vnd wisse daß ein jegliche Linien / die mit dem finger berührt wirdt / nicht mehr dann eins bedeut/ das spacium darunder ein halbes/ darů ber fünff/ die nechste Linien darnach zehen. Also hinfurt/ als es die vnderst Linien weren. Wirdt aber der finger hinweg gethan / so bedeuten sie wie vor.

Exempel.

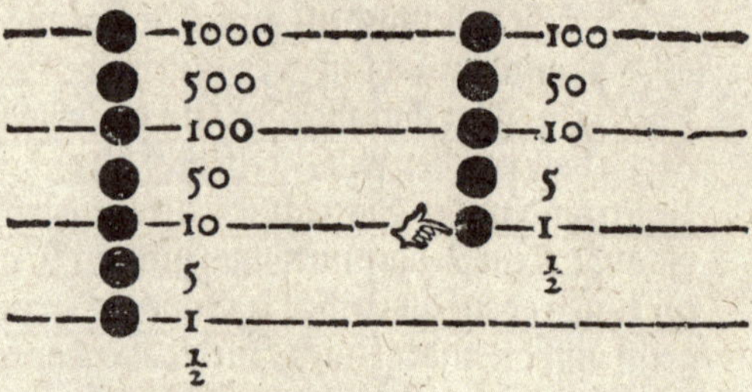

Oben soltu anheben / ligt nun ein R. im spa-
cio / so greiff auff die nechste Linien darüber.
Sprich: halb 2. macht 1. das leg. Darnach
greiff herab auff die nechste Linien / ligen R. da/
so duplir sie / Was kompt / leg nider / Ligt dann
aber ein R. in dem spacio/ so thu wie gesagt. Deß
gleichen mit den R. auff den Linien/ so lang biß
nichts mehr zu duplirn vorhanden / als folgende
Exempel außweisen.

Zwirne	8967	macht	17934
	7583		15166
	5968		11936

Proba.

Das probir also/ halbir die zahl / die kommen
ist auß dem duplirn/ so kompt die erste auffgelegt
zahl wider.

Medirn

HEißt halb machen/ vnd ist nichts anders dann ein zahl in zwey gleiche theil spalten/ Thu jhm also: Leg auff die zahl/ welche du halb machen wilt/ greiff auff die vnderste Linien/ vnd medir das nechste spacium darůber (so anderst ein R. darinnen ligt) mit den R. auff der Linien/ den halben theil leg nider. Darnach greiff auff die ander Linien/ medir aber das spacium vnd die Linien zusamen/ Also hinfurt vbersich/ biß kein R. auff der Linien zu medirn mehr vorhanden ist/ so hast du als dann den halben theil/ wie folgende Exempel erläutern werden.

Halb	8624	macht	4312
	7892		3946
	6318		3159

Proba.

Wiltu probiren ob du es recht gemacht hast/ so duplir die zahl welche kommen ist/ wirdt widerumb die erste auffgelegte zahl/ so ists recht.

Multipliciern

HEißt viel machen/ oder manigfaltigen/ vnd lehret wie man ein zahl mit jhr/ oder einer andern vielfältigen soll/ vnnd du must fůr allen dingen das Einmal eins wol wissen/ vnd außwendig lehrnen/ wie hie:

1 mal

mal		ist	mal		ist	mal		ist
1	1	1	2	8	16	5	5	25
1	2	2	2	9	18	5	6	30
1	3	3	3	3	9	5	7	35
1	4	4	3	4	12	5	8	40
1	5	5	3	5	15	5	9	45
1	6	6	3	6	18	6	6	36
1	7	7	3	7	21	6	7	42
1	8	8	3	8	24	6	8	48
1	9	9	3	9	27	6	9	54
2	2	4	4	4	16	7	7	49
2	3	6	4	5	20	7	8	56
2	4	8	4	6	24	7	9	63
2	5	10	4	7	28	8	8	64
2	6	12	4	8	32	8	9	72
2	7	14	4	9	36	9	9	81

Von Multiplicirn auff Linien.

Zum multipliciren gehören zwo zahlen / eine die multiplicirt wirdt / die ander / dadurch man multiplicirt. Die multiplicirt soll werden / solt du aufflegen / die ander für dich schreiben / zu oberst anheben. Ligt ein pfenning in einem spacio / so greiff auff die Linien darüber / vnnd leg die fürgeschriebene zahl halb / so du mit einer figur multiplicirst: Wo aber mit zweyen / so greiff auff die ander Linien ob dem pfenning / leg

leg allda die meiste figur halb/ Als dann greiff herab/leg die erste figur auch halb/ vnnd heb den pfenning im spacio auff.

Deßgleichen so man mit dreyen/vieren oder mehr figuren multipliciren wil/ soll man vber so viel Linien greiffen/ vnnd von oben herab legen/ Wann aber 8. auff den Linien ligen / So greiff auff die öberst Linien/multiplicirstu mit einer figur/ so bleib still halten/ leg die fürgeschrieben zahl allda so offt als 8. auff der Linien ligen.

Seind aber zwo figuren / so greiff auff die nechste Linien ob den pfenningen / allda leg die letzste figur/ so offt als pfenning ligen auff der Linien. Darnach greiff herab / vnd lege die andere figur auch so offt / als pfenning zu multiplicirn vorhanden seyn /vnd heb dieselbige pfenning auff / deßgleichen wo drey/vier/ oder mehr figurn vorhanden weren / als folgende Exempel durch ein/zwo/vnd drey figuren klärlichen außweisen.

6789 mal	2	macht	13578
	3		20367
	4		27156
	5		33945
	6		40734
	7		47523
	8		54312
	9		61101

7956 mal	12	macht	95472
	36		286416
	50		397800
	72		572832
	84		763776
	96		668304

6987 mal	123	macht	859401
	234		1634958
	345		2410515
	456		3186072
	567		3961629

Dergleichen durch vier figuren.

Proba.

Wiltu probiren ob du recht multiplicirt hast/ so diuidir die zahl/welche auß dem multiplicirent kommen ist/ mit der/damit du multiplicirt hast/ so kompt die auffgelegte zahl wider.

Diuidirn

HEißt theilen/ vnnd lehret wie man ein zahl in viel vnd mancherley theil theilen soll/ darzu gehören zwo zahlen/ die man theilen wil/ leg auff die Linien/ darinnen man theilen wil/ schreibe vor dich/ hebe zu oberst an/ Ist ein figur darein zu theilen vorhanden/ so nimb sie auff der obersten Linien so offt du magst/vnd leg so viel dz nider. Seind aber

2.figu-

2. Figuren im Theiler/ so nimb die meiste Figur zu öberst als offt du magst / vnnd doch also/ daß du vom vberbleibenden die ander Figur / das ist / die erst / auff der nechsten Linien darunder auch so offt nem̄en magst/ kanstu so thue es/ vnd lege souiel dz. nider wañ du die erst genommen/ so offt du dann genommen hast. Deßgleichen thu mit 3/ 4/ oder mehr Figuren. Magstu aber den Theiler nicht gantz/ sonder halb nem̄en/ vnd durch ein Figur zu theilen ist/ so nimb jhn / vnd leg ein dz. in das spacium vnder dem Finger.

Seind aber zwo Figuren im Theiler vorhanden/ so nimb die meiste Figur zu öberst halb/ als dann greiff mit dem Finger herab auff die nechste Linien/ nimb die erste Figur auch halb/ vnd lege ein dz. in das spacium vnder dem Finger. Deßgleichen thu auch mit 3 / 4 / oder mehr Figuren/ wie folgt:

	13578		2	
	20367		3	
	27156		4	
Theil	33945	In	5	kommet
	40734		6	6789
	47523		7	
	54312		8	
	61101		9	

Durch zwo Figuren.

Theil	In	kommen
95472	12	7956
286416	36	
397800	50	
572832	72	
668304	84	
763776	96	

Durch drey Figuren.

Theil	In	komen
859401	123	6987
1634958	234	
2410515	345	
3186072	456	
3961629	567	

Proba.

Wiltu probiren ob du recht diuidirt hast / so multiplicir die zahl / welche auß dem diuidiren kommen ist / mit der / damit du diuidirt hast / kompt wider die erste auffgelegte zahl / so hastu es recht gemacht.

Folgen die Species mit Federn oder Kreiden in Ziffern zu rechnen.

Addirn

LEhret viel zahlen in eine Summa zu bringen / Thu jhm also : Setz dieselben zahlen / welche du summiren wilt / vnder einander / die ersten vnder die ersten / die ander vnder die ander / vnd also hinfurt. Darnach hebe zu förderst an / gegen der rechten Handt / summir zusamen die ersten Figuren / kompt ein zahl / die du mit einer Figur schreiben magst / so setz sie gleich darvnder / Entspringet aber eine mit zweyen Figuren / so schreib die erste gleich darunder / die ander behalt / Darnach summir zusamen die andern Figuren / gib darzu das du behalten hast / vnd schreib abermals die erste Figur / wo zwo vorhanden. Vnd thue deßgleichen hinfurt mit allen Figuren / biß auff die letzsten / die schreib gantz auß / so hastu wie viel in einer Summa kompt / als folgende Exempel außweisen.

78312	68975	37064
87547	87496	52086
165859	156471	89150

Proba.

Nun soltu wissen / daß ich hierinn zweyerley Proben gebrauchen wil / ist die erste / daß ein Species die ander probirt / Die ander ist mit 9. also : wirff 9. hinweg als offt du magst / was dann vnder 9. bleibet / behalt für dein Prob /

Als hie durch die erste Prob zu probiren/ so nim̃ die obern zwo von der vndern / Bleibet nichts vbrig/ so ist es recht.

Aber mit der andern Prob / nimb 9 hinweg von den obern / als offt du magst / das bleibende ist dein Prob / So dann von der vndern Zahl auch souiel kompt/ so hastu jhm recht gethan.

Subtrahirn

LEhret wie du ein zahl von der andern nem̃en solt/ Thu jhm also/ Setz oben die zahl / dauon du nem̃en wilt/ vnd die du abnem̃en wilt/ gleich darunder / wie im summiren.

Darnach mach ein Linien darunder / vnnd heb zuforderst an/ wie im Addirn / Nimb die erste der vndersten zahl / von der ersten Figur / der obersten zahl/ was dann bleibt/ setz vnden. Darnach nimb die ander Figur der vndern zahl/ von der andern der obersten zahl / was bleibet / setze auch vnden. Magstu aber die vnder Figur / von der obern nicht nem̃en / so nimb sie von zehen/ Zum bleibenden gib die ober / vnd setz gleich vnder die Linien/ was kompt. Darnach addir eins der nechsten vndern Figurn / gegen der lincken Handt/ vnd subtrahir fort biß zum end/ wie folget:

89674

89674	79864	30000
63521	67876	12345
26153	11988	17655

Proba.

Wiltu probiren mit der erſten Prob / ſo ſummir die vndern zwo zahlen / kompt die ober wider / ſo iſt es recht. Aber mit der andern Prob / ſo nimb 9 von den vndern zweyen / als offt du magſt / Kompt dann von der obern zahl dem bleibenden gleich / ſo haſtu jhm recht gethan.

Dupliren

LEhret wie du ein zahl zweyfaltigen ſolt. Thu jhm alſo: Schreib die zahl vor dich / mach ein Linien darunder / heb an zu forderſt / Duplir die erſte Figur. Kompt ein zahl die du mit einer Figur ſchreiben magſt / ſo ſetz die vnden. Wo mit zweyen / ſchreib die erſte / Die ander behalt im ſinn. Darnach duplir die ander / vnd gib darzu / das du behalten haſt / vnd ſchreib abermals die erſte Figur / wo zwo vorhanden / vnd duplir fort biß zur letzſten / die ſchreibe gantz auß / als folgende Exempel außweiſen.

41232	98765	68704
82464	197530	137408

Proba.

Durch die erste Prob/ medir die vnder zahl/ kompt die ober wider/ so ist es recht. Aber mit 9. wirff oben hinweg / als offt du magst/ was bleibet/ duplir. Nimb auch 9. hinweg/ ob du magst/ Wirdt dann von der vndern zahl auch so viel/ so hastu jhm recht gethan.

Medirn

LEhret wie du ein zahl halb machen solt. Thu jhm also: Schreib dieselbige für dich/ mach ein Linien darunder/ heb an zu hinderst/ das ist an der eusserſten Figur gegen der lincken handt. Ist dieselbig Figur gerad / so setz den halben theil vnden. Ist sie vngerad / als 9. so sprich / halb 8. macht 4. die setz/ das vberig/ als 1. medir mit der nechsten Figur gegen der rechten Handt/ wirdt für zehen gerechnet/ Kompt aber 1. in der mitte zu mediren / so schreib ein o. gleich darunder/ vnd medir alsdann mit der nechsten/ Als folgende Exempel außweisen.

8 6 4 2	7 8 9 7 6	6 8 1 7 4
4 3 2 1	3 9 4 8 8	3 4 0 8 7

Proba.

Durch die erste Prob duplir die ander zahl/ so kompt die ober wider. Aber mit der andern/

als

als 9. nimb die Prob von der vndern / duplir die / wirff 9. hinweg so offt du magst. Kompt dann von der obern auch so viel als vberbleibt/ so hastu jhm recht gethan.

Multiplicirn

LEhret viel machen / Must auch forn anheben/ vnd vor allen dingen das Ein mal ein/ außwendig lehrnē / wie vorhin angezeigt/ Oder machs nach folgenden zweyen Regeln.

Die Erst.

Addir zusamen die zwo Figuren/ die kleinste schreib/ Als dann multiplicir mit einander/wie viel von jeder biß auff zehen gebricht/ vnd schreibe dasselbig für die gesatzte Figur. Kompt aber auß dem multipliciren ein zahl mit zweyen Figuren/ so addir die ander Figur zur gesatzten/als hie in folgenden Exempeln.

8. 2	7. 3	6. 4	6. 4
9. 1	8. 2	8. 2	7. 3
7 2	5 6	4 8	4 2

Die Ander.

Setz für die kleiner ein 0. Als 7. mal 8. also 70. Vnd nimb daruon was da kompt auß der kleinern gemultiplicirt mit den vberigen / so die grösser von 10. genommen wirdt/ als hierinn: Sprich 7 mal 2 sind 14 / Die nimb von 70 / bleiben 56. Also dergleichen.

8. 0	6. 0	4. 0	5. 0
8 2	7 3	9 1	8 2
6 4	4 2	3 6	4 0

Wiltu nun ein zahl mit einer Figur multipliciren / so schreib die zahl oben / die du multipliciren wilt / Vnd die Figur / darmit du multipliciren wilt / gleich vnder die erste Figur. Als dann multiplicir sie mit der ersten / kompt ein zahl mit einer Figur / so setz sie vnden: Wo mit zweyen / so schreib die erste / die ander behalt / Als dann multiplicir die ander Figur mit der andern der obern zahl / vnd gib darzu das du behalten hast / Schreib abermals die erste / also hinfurt. Vnd zum letzsten schreib es gantz auß / wie hie.

6789	6789	6789
6	7	8
40734	47523	54312

Durch zwo Figuren.

Wiltu ein zahl mit zweyen Figuren multipliciren / so führ die erste Figur durch / wie jetzt gesagt / als dann die ander auch gleichförmig / vnd setz dasselbig ein Figur hinein baß / gegen der lincken Handt / Als dan̄ summir zusamen / wie hie.

7956

```
  7956      7956
    72        84
----------------
 15912     31824
55692     63648
----------------
572832   668304
```

Durch drey Figuren.

Deßgleichen multiplicier auch durch 3/ oder mehr Figuren/ allein setz solchs ein Figur hinein baß/ wie hie folgt:/

```
     6987       6987
      234        456
-----------------------
    27948      41922
   20961      34935
  13974      27948
-----------------------
  1634958    3186072
```

Ein Behendigkeit.

Wiltu aber ein zahl mit 20. 30. 40. 300. etc. multiplicirn/ so setz sie gleich [illegible] vnder / die vndern 0 setz vnder die Linken / darnach fůhre die andern vndern Figuren durch die obern / wie hie/ 93987 mit 30800. Setz es also:

```
      93987
      30800
-----------------
   75189600
  2819610
-----------------
  2894799600
```

Proba.

Theil ab die zahl/ welche auß dem multipliciren kommen ist/ mit der damit du multiplicirt hast/ kompt dann die erste fürgenommene zahl wider/ so ist es recht.

Oder nimb die Prob von beyden zahlen/ von jeder in sonderheit/ multiplicirs mit einander/ wirff 9. hinweg als offt du magst/ das bleibende behalt für dein Prob/ kompt dann von der vndern zahl/ die auß dem multipliciren kommen ist/ auch so viel/ so hastu es recht gemacht.

Diuidiren

LEhret ein zahl in die ander theilen. Hinden soltu anheben/ schreib die zahl für dich welche du theilen wilt/ vnder die letzste Figur den Theiler/ so du anderst in ein Figur theilst/ vnd nemmen magst. Ist aber der Theiler grösser/ so schreib jhn vnder die letzste Figur ohn eine/ vnd besihe/ wie offt du jhn nemmen magst/ als offt nimb jhn/ vnd schreib dasselbig wie offt neben der zahl/ nach dem strichlin/ multiplicir in Theiler/ vnd nimb von der gantzen zahl.

Als dann ruck mit dem Theiler fort vnder die nechste gegen der rechten Handt/ vnd besihe aber

aber wie offt du nemen magst/ so offt nimb vnd setz nach der vorigen Figur. Also hinfurt/ biß vnden kein Figur mehr zurucken ist/ wie hie:

```
 4 8 8                      8 7 7
4 8 7 3 4 (6789          8 4 3 2 2 (6789
 8 8 8 8                    8 8 8 8
```

Magstu die erst Figur/ als hie oben 6. mal 6. als 36. nemlich die 6. nicht nemen/ so gib zu biß 40. werden/ vnnd was du zugibst/ schreib zur obern/ als dann lesche 40. auß/ gegen der lincken Handt.

Also dergleichen in andern Exempeln/ sprich 6. mal 8. macht 48. die 8. kanstu von 4. nicht nemen/ derhalben sprich 2. darzu/ seind 50. die 2. vnd 4. vber den 8. gib zusamen/ werden 6. die schreib. Lesch auß 8. vnd 4.

Deßgleichen auch zu rück gegen der lincken Handt/ die 50. ruck fort zur nechsten gegen der rechten/ besihe aber wie offt/ vnd vollführ es/ wie oben stehet/ so hastu wie viel auff einem theil kompt.

Durch zwo Figuren.

Wiltu ein zahl in zwo Figuren theilen/ so hab achtung/ daß du ein Figur gleich so offt/ als die ander nemmest/ als dann vnder die nechsten fort ruckest/ vnd abermals so offt als du nemmen

men magst/nemest. Auch soltu wissen / daß du den Theiler auffs meist 9 mal / vnd zum wenigsten einmal nemen solt / also:

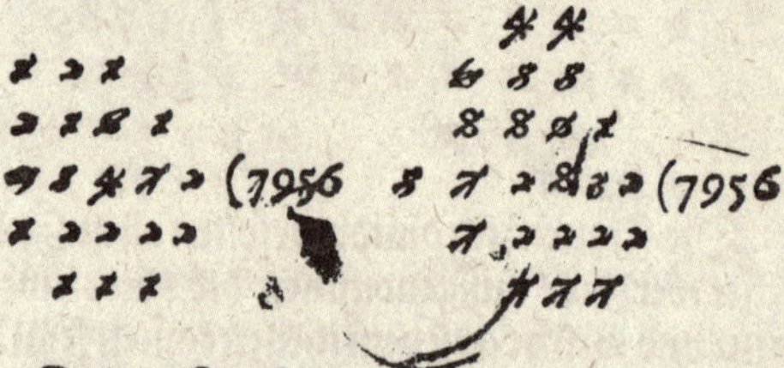

Deßgleichen soltu auch theilen mit dreyen oder mehr Figuren / Nimb ein Figur nach der andern / darnach ruck fort / vnnd besihe aber wie offt / also:

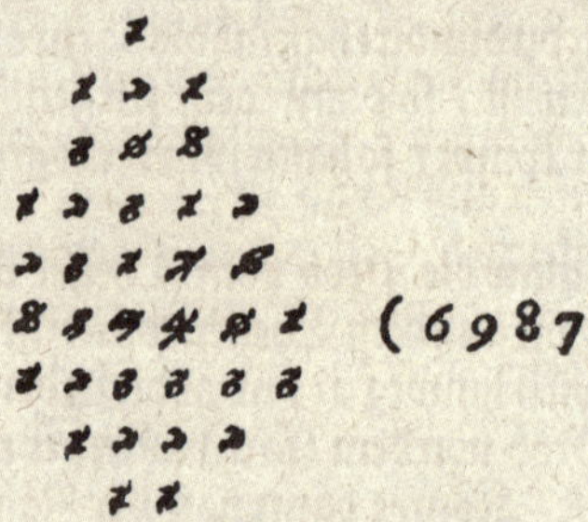

Wiltu aber ein zahl theilen in 20.30.70. etc. so setz die 0 vnder die fordersten Figuren / darnach theil ab / wie du vnderrichtet bist / als 30550500 in 4500. Setz also:

```
      4
  3 4 8
  0 7 0 4
3 0 8 8 0 8 0 0   ( 6789
  4 8 8 8 8 0 0
    4 4 4
```

Die Figuren im diuidiren sollen all außgeleschet werden / außgenommen die vberbleibenden / vnd welche auß dem theilen komen seyn.

Proba.

Multiplicir die Zahl die da kommen ist mit der / damit du diuidirt hast / addir darzu ob etwas vberblieben ist / so dann dein fürgenommene zahl wider kompt / so hastu jhm recht gethan.

Oder nimb die Prob vom Theiler vnd von der Zahl / die auß dem Theiler komen ist / Multiplicir / wirff hinweg 9 / vnd addir zu dem vberigen die Prob von dem / so etwas in der theilung blieben ist / Kompt dann von der Zahl die du getheilt hast / auch so viel / so ist es recht gemacht.

Progressio

Wiltu mehrer in ein Summa zubringen Zahlen/ die nach einander folgen inn natürlicher ordnung oder gleichen mitteln. Thu jhm also: Addir die erste zahl der letzsten/was darauß wirdt/ mach halb/ so du magst/ vnd multiplicir durch die zahl der stätt/so hastu wie viel die angegeben zahlen in einer Sum̃ machen/ Magstu nicht/ so medir die zahl der stätt /vnd multiplicir damit/ als folgende zwey Exempel außweisen.

Item / 7. 8. 9. 10. 11. 12. 13. 14. 15 16. 17. 18 . 19. 20. 21. 22. 23. 24. 25. wie viel machen sie in einer Summ? Thu jhm also: Addir 7. zu 25. kommen 32. die medir /werden 16. vnd multiplicir durch die zahl der stätt /als 19. kommen 304. so viel machen gesatzte zahlen.

Item /3. 6. 9. 12. 15. 18. 21. 24. 27. 30. 33. 36. 39. 42. 45. 48. wie viel? Machs also: Addir 3. vnd 48. werden 51. seyn vngerad/ Derhalben zehle die stätt /seind 16. die medir / kommen 8. vnd multiplicir mit 51. werden 408. die gantze Summa.

So aber ein zahl die ander vbertritt/ zweyfältig/ dreyfältig / vierfältig/ etc. vnd woltest die Summa wissen/ so multiplicir die letzste zahl mit der vbertrettung/ nimb von solchem die erst/ was da bleibt / theil ab mit der vbertrettung/weniger 1. als hie in folgenden Exempeln.

Item/

Item/ 2. 4. 8. 16. 32. 64. 128. 256. 512. 1024. 2048. duplir 2048. kommen 4096. nimb ab 2. bleiben 4094. die theil ab mit 2. weniger 1. als 1. bleibt die zahl an jhr selbst.

Item/ 3. 9. 27. 81. 243. 729. 2187. 6561. wie viel machen gesatzte zahlen? Thu jhm also: Multiplicir die letzste zahl mit 3. wirdt 19683. daruon nimb die erste/ als 3. bleiben 19680. die theil ab mit 3, weniger 1. als mit 2. kommen 9840. vnd also dergleichen.

Die Wurtzel/ den Quadraten/ vnnd Cubic außzuziehen/ wil ich hie beruhen lassen/ sonder zu seiner zeit/ so ich das Visiern/ vnd etliche Regeln der Coß erzehle/ genugsam erklären.

Regula Detri

ISt ein Regel von dreyen dingen/ Setz hinden das du wissen wilt/ wirdt die Frag geheissen. Das jhm vnder den andern zweyen am Namen gleich ist/ setz forn/ Vnd das ein ander ding bedeut/ mitten.

Darnach multiplicir das hinden vnd mitten durch einander/ das darauß kompt theile ab mit dem fordern/ so hastu wie theuwer das dritte kompt/ vnnd dasselbige ist am Namen

gleich

gleich dem mitteln / Als hie in folgendem Exempel. Auff Meißnische werung/den fl. für 21. groschen / den groschen für 12. dl. gerechnet.

Item 32. Elen Tuchs für 28. fl. wie komen 6. Elen? Facit 5. fl. 5. groschen/3. dl. Setz also:

Elen.	fl.	Elen.
32	28	6

Proba.

Wiltu probiren ob du es recht gemacht hast/ so verkehr die Regel/ also/ das hinden gestanden ist/ setz forn/ das Facit mitten / vnd das forn gestanden / hinden / Machs als dann nach gesagter Regel / so muß wider kommen das vorhin mitten gestanden ist/ als:

Item 6. Elen für 5. fl. 5. groschen/3. dl. wie kommen 32. Elen?

Facit 28. fl. Setz also:

6	5. 5. 3.	32.

Mach in der mitte fl. zu gl. darnach groschen zu dl. steht also:

6	1323	32

Multiplicir/ Diuidir ab/ komen dl. die mach zu groschen / vnd als dann die groschen zu fl.

Item 36. Pfundt vmb 8. fl. 9. groschen/ wie kommen 8. Pfundt?

Facit ein fl. 18. Groschen/ vnd 4. dl.

Setz es also:

36	8. 9.	8

In

In der mitte mach die fl. zu gro. stehet also:

36 177. gro. 8

Multiplicir vnd diuidir / kommen gro. mach fl. die vberigen mach zu dl. vnd theil auch ab/ kompt wie oben.

Proba.

Das probir wie gesagt/sprich 8. lb. für einen fl. 18. groschen/ 4. dl. wie komen 36. lb? setz also:

8 1. 18. 4. 36

Mach in der mitte den fl. zu Groschen / darzu thu die 18. Groschen/ kommen 39. die mache zu dl. vnnd gib darzu 4. dl. werden 472. die setze mitten/ also:

8 472. dl. 36

Multiplicir vnd diuidir/ komen dl. die mach zu Groschen/ vnnd als dann die Groschen zu fl. so kommen widerumb 8. fl. 9. Groschen/ welche vor mitten gestanden seyn / vnd also probir alle dergleichen auff diese Regel.

So eins in der Regel Detri forne gesetzt wirdt / so multiplicir die da mitten vnnd hinden steht / mit einander / seind in der mitten fl. so ist es gemacht. Wo Groschen / so mach sie zu fl. Seind aber dl. in der mitte vorhanden / so mach sie nach dem multiplicieren zu Groschen / darnach die Groschen zu fl. als in folgenden Exempeln.

¶ Wachs.

Item ein Cent. Wachs für 18. fl. wie 19. ct?

Facit 342. fl.

1 18 19

¶ Zin.

Item ein Cent. Zin für 14. fl. wie 342. Cent.

Facit 4788. fl.

1 14 342

¶ Wein.

Item ein Fuder Wein für 29. fl. wie kommen 17. Fuder?

Facit 493. fl.

Setz also:

1 29 17

¶ Weydt.

Item ich kauff 98. kübel Weydt / vnnd gib für einen kübel 11. fl. wie viel macht es?

1078. fl.

Setz also:

1 11 98

Item ein lb. Wachs für 5. grosch. wie 19. lb?

Facit 4. fl. 11. grosch.

Setz also:

1 5 19

Item ein lb. Zin für 3. groschen/wie 37. lb?

Facit 5. fl. 6. grosch.

Setz also:

1 3 37

Item

Item ich verkauff 37. Eymer Weins / vnd geb ein Eymer für 17. groschen.

Facit 29. fl. 20. gro.

Setz also:

1 17 37

Item ein lb. Feigen für 8. dr. wie 39. lb?

Facit 1. fl. 5. gro. Setz also:

1 8 39

Item ein Eln leinwat für 9. dr. wie 17. elen?

Facit 12. gro. 9. dr. Setz also:

1 9 17

Stehen aber in der mitte fl. vnnd Groschen / darzu 1. forn gesetzt wirdt / so resoluir die fl. in grosch. als dann multiplicir mit den hinderen / so kommen dir eitel grosch. die mach zu fl. so hastu wie viel es macht / deßgleichen wo groschen vnd dr. Oder wo fl. grosch. vnd dr. vorhanden weren / so mach fl. zu groschen / vnd als dann groschen zu dr. darnach multiplicir mit dem hindern / werden darauß eitel dr. die mach zu gro. Als dann gro. zu fl. wie hie.

Item 1. kübel Weydt fur 9. fl. 17. grosch. wie kommen 47. kübel?

Facit 461. fl. 1. gro.

Setz also:

1 9.17 47

Mach in der mitte die fl. zu groschen / stehet also:

1 206 47

Jtem ein Eln Tuchs für 8. Groschen / 7. dꝛ. wie kommen 9. Eln?

Facit 3. fꝛ. 14. Grosch. 3. dꝛ.

Setz also:

1 8. 7. 9

Mach in der mitte die Groschen zu dꝛ. steht also: 1 103 9

Jtem einer kaufft 45. lb. Wolln / gibt für ein lb. 1. Groschen / 9. dꝛ. vnd 1. hlr.

Facit 3. fꝛ. 17. gr. 7. dꝛ. vnd 1. hlr.

Also dergleichen.

Beschleußt aber die hinderste zahl die förderste in sich / das ist / wo hinden Centner stehen / forn lb. Hinden Tücher / forn Elen / Hinden Fuder / forn Eymer / Also dergleichen resoluir das dahinden steht / in den werth deß fördern / das ist / machs dem fördern am Namen gleich / Als dann thu jhm wie jetzt gesagt ist.

Jtem ein lb. für 3. Grosch. 7. dꝛ. wie ein Centner der da hat 112. lb?

Facit 19. fꝛ. 2. Grosch. 4. dꝛ.

Jtem 1. lb. für 7. dꝛ. wie ein Cent. der da hat 110. lb?

Facit 3. fꝛ. 1. grosch. vnd 2. dꝛ.

Jtem 1. lb. für 19. dꝛ. wie ein Cent. der da hat 110. lb?

Facit 8. fꝛ. 6. grosch. 2. dꝛ.

Jtem

Item 1. lb. für 3. Groschen / 2. dl. wie kompt ein Cent. der da helt 102. lb?

Facit 15. fl. 8. groschen.

Item 1. lb. für 3. grosch. 9. dl. wie kommen 3. Cent. 2. Stein / 7. lb.

Facit 68. fl. 9. dl.

Setz also:

1	3. 9.	3. 2. 7.

Die Centner mach mit 110. zu Pfunden / die Stein mit 22. Summir zusamen / werden 381. setz hinden / vnd mach in der mitte die groschen zu dl. steht also:

1	45	381

Item einer kaufft 3. Centner / 2. Stein / 17. lb. gibt für 1. lb. 6. groschen / 7. dl. 1. hlr. den Centner für 112. lb. vnd den Stein für 21. lb. gerechnet.

Facit 124. fl. 12. groschen / 10. dl. 1. hlr.

Machs nach dem vorigen / stehet also:

1	159. hlr.	395. lb.

Multiplicir / mach hlr. zu dl. dl. zu Groschen / vnd Groschen zu fl. so kompt das Facit wie gesagt.

Item einer verkaufft ein Tuch / helt 36. Eln / gibt ein Eln für 8. Groschen.

Facit 13. fl. 15. Groschen.

Setz es also:

1	8. gl.	36. Eln.

Item einer verschneidt ein Tuch / helt 39. Elen/gibt für ein Elen 7.gro.9.dr.

Facit 14.fl.8. gro.3.dr.

Mach die gro. in der mitte zu fl. stehet also:

1 93.dr. 39.Elen.

Item ein viertheil Weins für 8. dr. wie kompt ein Eymer / der da hat 72. viertheil?

Facit 2.fl.6.gro.

Item einer verschenckt 78. Eymer/ 27.viertheil gibt ein viertheil für 9. dr. den Eymer für 72. viertheil gerechnet.

Facit 201. fl.11.gro.3.dr.

Die Eymer mach zu viertheiln / vnd setz darnach also:

1 9.dr. 5643

Item ein viertheil Wein für 16. dr. wie ein Eymer/ der da hat 64. viertheil?

Facit 4.fl. 1.gro .4.dr.

Item 3.Fuder/7.Eymer/9.viertheil weins/ kost ein viertheil 22. dr. das Fuder für 12. Eymer/vnd ein Eymer für 64. viertheil gerechnet.

Facit 241.fl.10.dr.

Resoluir die Fuder zu Eymern / darnach die Eymer zu viertheiln / stehet:

1 22.dr. 2761.vierth.

¶ Korn.

Item ein Schöffel Korns für 2. groschen/ 5.dr.

5. dr. Wie ein Malter / das da hat 16. Schöffel?

Facit 1. fl. 17. gro. 8. dr.

Item einer kaufft 17. Malter / 9. Schöffel / gibt für ein Schöffel 3. grosch. 4. dr. 1. hlr.

Facit 45. fl. 3. gro. 4. dr. 1. hlr.

Mach die Malter mit 16. zu Schöffeln / kommen 281. setz hinden / darnach mach grosch. zu dr. vnd dr. zu hlrn. werden 81. die setz mitten / vnd 1. forn / also:

1 81. hlr. 281

Item ein Schöffel für 3. gro. 7. dr. wie ein Malter?

Facit 2. fl. 15. gro. 4. dr.

Item 17. Malter / 9. Schöffel / kost ein schöffel / 6. groschen / 5. dr.

Facit 85. fl. 18. gro. 1. dr.

Wirdt eines in der Regel Detri zu hinderst gesetzt / so theile das da mitten steht in das förder / magstu nicht / vnd seind fl. so mach sie zu groschen / theil ab / die vberigen / mach zu dr. vnd theil auch ab / wie folgt.

Item 24. wöllen vmb ein Pferdt schiessen / kost 13. fl. wie viel legt einer?

Facit 11. grosch. 4. dr. 1. hlr.

Item 16. haben gewunnen auff einem schützen hofe 28. fl. wie viel gebürt jeglichem?

Facit 1. fl. 15. gro. 9. dr.

¶ Beschleußt aber das forder in sich das hinder / so machs jhm am Namen gleich / als wann fornen Centner / hinden lb. stehen / forn lb. hinden Loth / oder deßgleichen / so resoluir das förder in den werth deß hindern / wie hie.

Item ein Tuch helt 36. Elen / kost 17. fl. wie kompt ein Elen?

Facit 9. gr. 11. dl.

Item ein Tuch helt 36. Elen / kost 17. fl. 9. groschen / wie kompt ein Elen?

Facit 10. gr. 2. dl.

Item ein Centner hat 112. lb. kost 17. fl. 11. groschen / 8. dl. wie kompt ein lb?

Facit 3. gr. 3. dl. 1. hlr.

Item ein lb. Saffran hat 32. Loth / kost 3. fl. 9. groschen / wie kompt ein Loth?

Facit 2. gro. 3. dl.

Item ein Thonn Hering helt 12. Schock / kost 7. fl. vnd 3. gro. wie kompt ein Hering?

Facit 2. dl. 1. hlr.

Bleibet dir etwas vberig in dem theilen / vnd magst solchs nicht ferner resoluiren / so lege auff der Linien den Theiler darneben / vnd auff der Federn schreib jhn darunder / mach ein Linien darzwischen. Darnach medir eins nach dem andern / so lang biß ein vngerade zahl kompt / das sihest du auff den Linien auff der vndersten /

vnd

vnnd auff der Federn an den ersten Figuren/ kompt vngerad/ verzeichen neben auß. Such ein zahl darmit beyde auffgehaben mögen werden/also/nimb die kleiner von den grösten/ als offt du magst/ Als dann das bleibend von der kleinern auch so offt du kanst/ vnd also hinfurt. Wirdt dann ein zahl gantz hinweg genommen/ so geben die vorbezeichenten durch die zahl auff/ welche zum letzsten die grösser hinweg genommen hat/ Vnd dabey soltu wissen/ so eins von einer zahl vnder den zweyen bleibt/daß die verzeichneten zahlen in keinen weg mögen auffgehaben werden/ als in folgenden Exempeln.

Item neun haben zuthellen 576. fl. 8. gro. wie viel gebürt einem?

Facit 64. fl. 0. gro. 10. dl. 1. hlr. vnd ein drittheil eines hellers.

Item ein Eymer Weins helt 72. Viertheil/ kost 2. fl. 7. gro. wie kompt ein Viertheil?

Facit 8. dl. 0. hlr. vnd ein drittheil eines hellers.

Item ein Eymer helt 64. Viertheil/ kost 3. fl. 7. gro. wie kompt ein Viertheil?

Facit ein gro. ein dl. 0. hlr. vnd ein viertheil eines hellers.

Item ein Centner Röth helt 112. lb. kost 6. fl. ein Ort/ wie kompt ein lb?

Facit ein groschen/2.dz.0.hlr. vnd ein achttheil.

Item ein Stein Vnschlit helt 22.lb.kost 17. gro.9.dz.wie kompt ein lb?

Facit 9.dz. ein hlr. vnd vier eylfftheil.

Von gebrochnen Zahlen.

Die öberste zahl einer gebrochnen/ der Zehler/ vnd die vnderste der Nenner/ wie hernach folgt:

Zehler $\frac{3}{7}$ fl.
Nenner

Wiltu wissen wie viel ein iegliches Bruch in sich behelt/ so resoluir den Zehler in seinem werth/vnd theil ab mit dem Nenner/ als $\frac{3}{4}$. fl. multiplicir 3. mit 21. groschen/ vnd theil ab mit dem Nenner als 4 kommen 15. groschen/ vnd 9. dz. Also dergleichen von gewichten vnd andern.

Addirn in gebrochenen.

Haben die Brüch gleiche Nenner/ so summir die Zehler/ vnd schreib einen Nenner darunder/ Wo nicht/ so multiplicir Creutzweiß/ addir zusa-

dir zusamen / vnd setz vnder dasselbige die Nenner gemultiplicirt / wie hie.

Item $\frac{5}{13}$ / $\frac{8}{13}$. vnd $\frac{11}{13}$. Summir 5. 8. vnnd 11. werden 24. darunder setz 13. kommen $\frac{24}{13}$. oder $1\frac{11}{13}$. theil.

Item / $\frac{5}{7}$. vnd $\frac{7}{9}$. wievil? Multiplicir im Creutz / Addir zusamen / vnd setz die Nenner darunder gemultiplicirt mit einander / so kommen $\frac{94}{63}$. oder $1\frac{31}{63}$. theil.

Seind mehr dann zween Brůch zu addiren mit vngleichen Nennern / so addir einen nach dem andern Creutzweiß / wie im folgenden Exempel.

Item $\frac{2}{3}$. $\frac{3}{4}$. vnd $\frac{4}{5}$. wie viel? Summir zum ersten die zween Brůch / als nemlich $\frac{2}{3}$. vnd $\frac{3}{4}$. werden $\frac{17}{12}$. darzu $\frac{4}{5}$. kommen $2\frac{13}{60}$. theil.

Subtrahiren in gebrochnen.

Haben die Brůch gleiche Nenner / so nimb einen Zehler vom andern / vnnd vnder das bleibend setz einen Nenner. Seind aber vngleiche Nenner vorhanden / so multiplicir im Creutz / nimb eins vom andern / vnd vnder das bleibend setz die Nenner mit einander gemultiplicirt / wie in folgenden Exempeln.

Item $\frac{5}{11}$. nimb von $\frac{9}{11}$. so bleiben $\frac{4}{11}$. theil.

Item $\frac{2}{3}$. nimb von $\frac{4}{5}$. so bleiben vberig

Wiltu etliche gebrochne theil von 1. nemen / so

so nim̃ den Zehler vom Nenner / vnd vnder das bleibend setz den Nenner.

Item $\frac{5}{11}$. von 1. nimb 5. von 11. bleiben 6. darunder setz die 11. also / $\frac{6}{11}$. theil.

Oder brich das gantz mit vndersatzung 1. vnd vollnführs im Creutz / als $\frac{5}{7}$. von 1. setz $\frac{5}{7}$. von $\frac{1}{1}$. machs so bleiben $\frac{2}{7}$. theil.

Wiltu gantze vnd gebrochene / von gantzen vnd gebrochenen nem̃en / so resoluir die gantzen vorhin in seine theil / das ist / multiplicir sie mit dem Nenner / addir den Zehler / vnd setz an deß Zehlers statt. Darnach vollführe es im Creutz / als $3\frac{2}{3}$. nimb von $4\frac{1}{4}$. resoluir jeglichen Bruch / steht $\frac{11}{3}$. vnd $\frac{17}{4}$. thu wie gesagt / so bleiben $\frac{7}{12}$. theil / also dergleichen.

Dupliren in gebrochnen.

Duplir den Zehler / oder medir den Nenner.

Item zwirnt $\frac{3}{5}$. macht $\frac{6}{5}$. oder $1\frac{1}{5}$. theil.

Item zwirnt $\frac{3}{4}$. macht $\frac{3}{2}$. oder $1\frac{1}{2}$.

Medirn in gebrochnen.

Medir den Zehler / so du magst / wo nicht / duplir den Nenner / als folgende Exempel außweisen.

Item halb $\frac{6}{7}$. macht $\frac{3}{7}$.

Item halb $\frac{3}{5}$. macht $\frac{3}{10}$. Also dergleichen.

Multipliciren in gebrochnen.

Die Zehler multiplicir mit einander / vnnd auch die Nenner / so hastu es gemacht.

Item $\frac{3}{4}$. mit $\frac{4}{5}$. wirdt $\frac{12}{20}$. oder $\frac{3}{5}$. theil.

Wiltu gantze mit gebrochnen multipliciren / so brich die gantzen mit vndersetzung 1. Als dann multiplicir die obern mit einander vnd auch die vndern.

Item 24. mit $\frac{3}{7}$. setz $\frac{24}{1}$. mit $\frac{3}{7}$. Machs fort wie oben / kommen $10\frac{2}{7}$. theil. Wiltu aber multipliciren gantze mit gantzen vnd gebrochnen / oder gantze vnd gebrochne / mit gantzen vnd gebrochnen / so resoluir vorhin die gantzen in theil / vnnd machs darnach wie oben.

Item $3\frac{2}{3}$. mit $3\frac{3}{4}$. resoluir gantze in theil / kommen $\frac{11}{3}$. $\frac{15}{4}$. Machs nach gesagten / so kommen $13\frac{3}{4}$. theil. Darbey merck auch / so die ober zahl / das ist / der Zehler / grösser denn der Nenner ist / daß du sie in gantze mit dem Nenner / das ist / mit der vndern zahl / bringest durch diuidiren.

Diuidiren in gebrochnen.

Haben Brüch gleiche Nenner / so theil einen Zehler in den andern. Wo aber nicht / so multiplicier im Creutz / setze oben was getheilt wirdt / vnd das da theilt / setz vnden / wie hie.

Item $\frac{12}{19}$. mit $\frac{3}{19}$. zu theilen / komen gerad 4.

Item

Item $\frac{6}{7}$. in $\frac{5}{7}$. kompt 1. vnnd $\frac{1}{5}$. Also dergleichen.

Item $\frac{2}{3}$. in $\frac{3}{4}$. kommen $\frac{8}{9}$. theil.

Item $\frac{3}{4}$. in $\frac{1}{2}$. kommen $\frac{6}{4}$. oder 1. vnd $\frac{1}{2}$.

Wiltu aber ein gebrochne zahl / in ein gantze theilen / so merck / kanstu den Zehler gleich theilen / in die gantze zahl / so thu es / vnd setz vnder das daz kompt den Nenner. Wo aber nicht / so multiplicir die gantze zahl mit dem Nenner / vnd laß den Zehler für sich stehen / wie hie.

Item $\frac{12}{13}$. in 4. kommen $\frac{3}{13}$. theil.

Item $\frac{7}{8}$. in 3. zu theilen / kommen $\frac{7}{24}$. also dergleichen.

Wiltu gantze vnd gebrochne in gantze vnd gebrochne theilen / resoluire die gantzen inn theil / Als dann diuidir im Creutz / wie oben.

Item $3\frac{2}{7}$. sollen getheilt werden in $4\frac{4}{5}$. resolvir in theil / kommen $\frac{23}{7}$. zu theilen in $\frac{24}{5}$. machs / kommen $\frac{55}{72}$. also dergleichen.

Theil von theilen zu suchen.

Oder gebrochen von gebrochen / eines gebrochens / So multiplicir die obern mit einander / deßgleichen auch die vndern / so hast du es gemacht.

Item $\frac{1}{4}$. von $\frac{5}{7}$. machen $\frac{5}{28}$.

Item $\frac{4}{5}$. von $\frac{2}{7}$. dreyer 7. theil / machen $\frac{8}{35}$.

Item

Item $\frac{3}{4}$. von 21. vnd $\frac{2}{3}$. machen $16\frac{1}{4}$. vnd also dergleichen.

Die Brüche in der Regel Detri zugebrauchen/ thu jm also: Wirt dem förderſten einer zu gesetzt/ so gehe mit seinem Nenner ins hinder. Wo dem mittelern/ oder dem hindern/ so gehe mit seinem Nenner ins förder/ Als dañ brich die gantzen in seine theil bey dem Bruch/ als folgende Exempel außweisen.

Kommen dir in der rechnung örter/ so setz darfür also:

Für ein halb ort schreib $\frac{1}{8}$. fl.

Item/ für ein ort setze $\frac{1}{4}$. fl.

Item/ für anderthalb ort setz $\frac{3}{8}$. fl.

Item/ für zwey ort setze $\frac{1}{2}$. fl.

Item/ für dritthalb ort setz $\frac{5}{8}$. fl.

Item/ für drey ort schreib $\frac{3}{4}$. fl.

Vnd für vierdthalb ort setz $\frac{7}{8}$. fl.

Item/ ein Centner für 16. fl. ein halb ort/ wie kompt ein lb? den Cent. für 110. lb. gerechnet.

Facit 3. gro. 0. dr. 1. hlr. vnd $\frac{27}{110}$.

Für den halben ort schreib $\frac{1}{8}$. mitten/ brichs in sich/ vnd geh in das förderst/ steht also:

880 129 1

Item/ ein Cent. für 9. fl. ein ort/ wie kompt ein lb?

Facit 1. gro. 9. dr. 0. hlr. vnd $\frac{21}{55}$.

Schreib

Schreib $\frac{3}{4}$. für den Ort/ vnd brich als dann/ Steht also:

440	37	1

Item ein Stein für 12. fl. 3. Ort/ wie kompt ein lb?

Facit 12. Gro. 2. dl. 0. hlr. vnd $\frac{1}{11}$.

Für die 3. Ort setz $\frac{3}{4}$. Brichs/ steht also:

88	51. fl.	1

¶ Wachs.

Item ein Centner Wachs für 17. fl. dritthalben Ort / wie kommen 17. lb?

Facit 2 fl. 15. Grosch. 2. dl. 0. hlr. $\frac{21}{110}$.

Setz:

110	$17\frac{5}{8}$.	17

Geh herfür/ vnd brichs mitten in sich/ stehet:

880	141	17

Item ein lb. für $3\frac{1}{5}$. Groschen / wie kommen 2. Centner/ 13. lb?

Facit 25. fl. 10. Gro. 7. dl. 0. hlr. $\frac{2}{5}$.

Mach hinden die Centner zu lb. brichs / steht also:

5	16	233

Item ein lb. für 3. Gro. $9\frac{1}{3}$. dl. wie kompt ein Centner?

Facit 19. fl. 16. Grosch. 6. dl. $1\frac{1}{3}$. hlr.

In der mitte mach dl. Als dann brichs vnd geh/ steht also:

3	136. dl.	110

¶ Tuch.

Item 45. Eln Tuchs für 13. fl. 17. grosch. wie kommen 7. eln?

Facit 2. fl. 3. gro. 1. dl. 0. hlr $\frac{2}{3}$.

In der mitte mach zu groschen also:

45	290. grosch.	7

Item 7. eln Tuchs für 2. fl. 3. grosch. 1. dl. 0. hlr. $\frac{2}{3}$ wie kommen 45. eln?

Facit 13. fl. 17. grosch.

Mit dem Bruch gehe ins forder / darnach mach mitten fl. zu groschen / groschen zu dl. die dl. zu hellern / die Brüch darnach mit dreyen / steht also:

21	3248. hlr.	45

Item 17. lb. für 2. fl. 15. grosch. 2. dl. 0. hlr. $\frac{21}{110}$. wie ein Cent. der da hat 110. lb?

Facit 17. fl. 13. gro. 1. dl. 1. hlr.

Brichs wie jetzt / steht also:

1870	151011	110

Item 3. Tücher / 24. eln für 23. fl. wie kommen 7. eln?

Facit 1. fl. 4. gro. 7. dl. 0. hlr. $\frac{8}{11}$.

Mach fornen die Tücher mit 36. zu eln / stehet also:

132	23	7

Item einer verkaufft 3. Tücher / 16. eln / vnd gibt 14. eln für 3. fl.

Facit 26. fl. 12. gro.

Mach Tücher zu eln mit 36. steht also:

14 3 124

Item einer kaufft etliche stück Leinwath/ halten 324. eln/ vnd man gibt jhm 16. eln für ein flor. anderthalben ort.

Facit 27. fl. 17. gro. 8. dz. 1. hlr. vnd ein viertheil.

Steht also so es gebrochen/ vnd ins forder gegangen ist.

128 11. fl. 324

¶ Hüner.

Item einer kaufft ein schock Hüner/ weniger 9. halb zu 14. vnd halb zu 15. dz.

Facit 2. fl. 19. gro. 7. dz. vnd 1. hlr.

Machs also: Nimb 9. von eim schock/ bleiben 51. setz hinden/ darnach summir 14. vnd 15. werden 29. dz. setz mitten /vnd 2. Hüner forn /also:

2 29. dz. 51

¶ Knechtlohn.

Item ein Jar gibt man einem Knecht 10. fl. 16. groschen / wie viel gebürt jhm 17. wochen?

Facit 3. fl. 10. groschen/ 10. dz. ein heller/ 1 $\frac{2}{3}$.

Mach die fl. zu groschen/ vnnd setz also:

52 226. gro. 17

¶ Ledder.

¶ Ledder.

Item einer kaufft 3678. Ledder/vnd gibt für 12. Ledder/ 7. fl. dritthalben Ort.

Facit 2337.fl.ein Gro.3.dr.vnd anderthalben hlr.

Setz also/ 12. Ledder für 7. fl. fünffachttheil/ wie kommen 3678. Ledder? Brichs/steht also:

96 61.fl. 3678

¶ Fell.

Item ich verkauff 978. Kalbfell/vnnd gib das hundert für 8.fl. anderthalben Ort.

Facit 81.fl.19.Gro.1.hlr.vnd $\frac{18}{50}$.hlr.

Setz also/100. für $8\frac{3}{8}$. fl.wie 978? Brichs/ steht also:

800 67 978

¶ Messer.

Item ich verkauff 3698.Messer/vnd gib ein Techet/das seyn 10. Messer/für 7.Grosch. ein drittheil.

Facit 129.fl.2.Gro.10.dr.0.hlr.vnd $\frac{4}{5}$.

Setz also/10. Messer für $7\frac{1}{3}$. Groschen/wie kommen 3698.Messer? Brichs/steht also:

30 22.Grosch. 3698

¶ Tuch.

Item ein Tuch helt 36.Elen/kost $9\frac{3}{4}$. fl.wie kommen $3\frac{2}{3}$. Elen.

Facit 20. grosch. 10. dr. vnd ½. hlr.

Gehe mit beyden Brüchen ins forder / darnach brich jeglichen in sich / steht also:

432 39. fl. 11

¶ Barchet.

Item ein Barchet helt 22. eln / kost 2. fl. dritthalben ort / wie 5 ½. eln?

Facit 13. grosch. 9. dr. 0¾. hlr.

Brichs / steht also:

352 21. fl. 11

¶ Zwilch.

Item Zwilch für ein fl. vierdthalben ort / wie kommen 7. eln / vnd ein viertheil?

Facit 8. grosch. 11. dr. 0. hlr. $\frac{13}{128}$.

Den Zwilch rechen für 32. eln / für die 3½. ort schreib ⅞. vnd brichs / steht also:

1024 15. fl 29

¶ Sattin.

Item ein Sattin helt 24. eln / kost 6. fl. ½. wie 4⅔. eln?

Facit 1. fl. 5. grosch. 6. dr. vnd ein heller.

Brichs / steht:

144 13. fl. 14

¶ Harlaß.

Item ein Harlaß helt 48. eln / kost 5½. fl. wie 21¾. eln?

Facit

Facit ein fl. 7. groschen/ 3. dr. 0. hlr. vnd $\frac{2}{16}$.

Steht also:

384	11. fl.	47

¶ Damascke.

Item ein Damascke helt $16\frac{1}{2}$ Eln / kost 17. fl. $2\frac{1}{2}$. ort/ wie kommen 7. Eln?

Facit 7. fl. 10. groschen/ 0. dr. 0. hlr. $\frac{6}{11}$.

Machs also / mit dem fordern Bruch gehe ins hinder / brichs forn in sich / gehe mit dem mitteln darein / vnd brichs mitten in sich / steht also:

264	141. fl.	14

¶ Zwibelsamen.

Item ich kauff ein Cent. Zwibelsamen für 6. fl. wie viel lb. sol ich für ein fl. geben?

Facit 6. lb. vnd 28. loth.

Setz also forn vnd hinden fl.

16. fl.	110. lb.	1. fl.

Item ein Centner für 17. fl. dritthalben ort/ wie viel lb. kommen für vierdthalben fl.

Facit 21. lb. 27. loth / vnd $\frac{1}{141}$.

Setz forn vnd hinden fl. Sprich / $17\frac{5}{8}$. flor. geben 110. lb. was geben $3\frac{1}{2}$. fl. mit dem fordern Bruch geh in das hinder/ vnd mit dem hindern ins forder/ also:

282	110. lb.	56

¶ Tuch.

Item ein Tuch helt 36. eln/kost 16. fl. ein halben ort/ wie viel eln komen für 3. fl. 16 groschen?

Facit 8. eln/ ein viertheil/ vnd $\frac{172}{301}$.

Sprich also: 16$\frac{1}{8}$. fl. geben 36. eln/was geben 3. fl. 16. groschen/ mache hinden fl. zu groschen/ Gehe mit dem Bruch darein. Als dan brichs forn in sich /vnd mach darnach gro. steht also:

2709	36	632

¶ Wein.

Item ein Eymer Weins helt 64. viertheil/ kost 3. fl. 16. groschen /wie viel viertheil kommen für 1. fl. 7. groschen?

Facit 22. viertheil vnd $\frac{54}{79}$. theil.

Nota.

So in der Regel Detri ein Bruch ohn gantz gesetzt wirdt / so gehe mit dem Nenner nach vnderrichtung vor beschehen/ vnnd laß den Zehler an seiner statt stehen / wie hie.

Item ein Steyn hat 22. lb. kost $\frac{1}{2}$. fl. wie kommen 16. lb?

Facit 7. gro. 7. d. 1. hlr. $\frac{3}{11}$. theil.

Gehe mit dem Nenner herfür / vnd schreib 1. in die mitte/ also:

44	1. fl.	16

Item ein lb. für 2$\frac{1}{2}$. ort / wie kompt ein loth?

Facit 4. d. 1. hlr. $\frac{27}{32}$.

Setz

Setz für das lb. 32. loth / vnd für die dritthalben ort $\frac{5}{8}$. vnd machs wie jetzt gethan / steht:

256 5. fl. 1

¶ Arbeyter.

Item einer hat 13. Arbeyter 17. tag / vnd gibt einem deß tags 15. dl.

Facit 13. fl. 3. gro. 3. dl.

Machs also: Multiplicir 13. mit 17. was kompt / multiplicir mit 15. dl. vnnd mach die dl. zu fl.

Item einer hat 5. Wochen 9. Arbeyter / vnd gibt einem deß tags 14. dl.

Facit 17. fl. 10. grosch. 6. dl.

Machs also: Resoluir die 5. Wochen / mit 7. in tage / werden 35. die multiplicir mit 9. Arbeytern / kommen 315. die multiplicir mit 14. dl. so kommen dl. die mach zu groschen / als dann zu flor. wie oben verzeichnet.

¶ Erbtheil.

Item ein Mutter mit fünff Kindern haben zu theilen 3789. flor. 7. groschen / der Mutter gehört der dritte theil / wie viel wirdt der Mutter / vnd jeglichem Kind? Thu jhm also: Theil das Gelt in 3. theil / komen 1263. flor. 2. groschen / 4. dl. der Mutter theil / die nimb von 3789 flor. 7. groschen / so bleiben 2526. fl. 4. groschen / vnd 8. dl. das theil in die zahl der Kinder / so wirdt jedem 505. fl. 5. groschen/ 1. dl. 1. hlr. vnd ein fünfftheil eines hellers.

Roßzfuter.

Item ein Hofmeister verdingt einem Wiert 12. Pferdt ein Jar/ mit solchem geding/ er sol jedem die Wochen geben 5 schöffel Habern/ 40. bund Häuw/ vnd 10. bund Stroh: Deß Habern gibt man ein Schöffel für 2. groschen/ 40. bund Häuw für 3. groschen/ vnd 10. bund Stroh für 2. groschen. Wie viel seind die Pferdt schuldig? Mache es also: Summir zusamen/ wieviel ein Pferdt die Wochen verzehrt/ das seind 4. 3. vnd 2. groschen/ als 9. die multiplicir mit den 12. Pferden/ vnd das darauß wirdt/ mit 52. Wochen/ darnach mach die groschen zu fl. so kommen 267. fl. 9. groschen.

Wachs.

Item/ drey scheiben mit Wachs wegen/ die erste 3. Centner/ 12. lb. die ander 4. Centner/ ein stein/ 17. lb. vnd die dritt 3. Cent. 2. stein/ 18. lb. kost ein Centner 14. fl. vierdthalben ort.

Facit 164. fl. 3. gro. 5. dl. 1. hlr. vnd 34. fünff vnd fünfftzig theil.

Machs also: summir zusamen/ mach Cent. vnd Stein zu lb. werden 1214. Sprich/ 110. lb. für 14. fl. $\frac{7}{8}$. wie 1214. lb. Brichs/ steht also:

880 119. fl. 1214

¶ Ochsenkauff.

Item einer kaufft 3060. Ochsen / gibt für einen Ochsen 3. fl. vierdthalben ort / vnd man schenckt auff jedes hundert 3. Ochsen.

Facit 11512. fl. 2. groschen/ 10. dl. 0. hlr. $\frac{52}{103}$. theil.

Machs also: Rechen zum ersten wie 100. Ochsen komen/ Sprich ein Ochs für 3. fl. $\frac{7}{8}$. wie kommen 100. Ochsen? Facit 387. fl. vnd einen halben. Nun addir die 3. Ochsen zu den 100. werden 103. vnd sprich / 103. Ochsen kosten 387. fl. vnd ein halben/ was kosten 3060. Ochsen / Brichs vnd geh / steht also:

206 775 3060

Folgen etlich Exempel in Golt/ den Gülden für 20. ß. den ß. für 12. hlr. den Cent. für 100. lb. das lb. für 32. Loth/ ein Loth für 4. q. ein q. für 4. Pfenning gewicht / vnd ein Pfenning gewicht für 2. Heller gewicht gerechnet.

Item $2\frac{2}{3}$. lb. für 3. fl. 16. ß. wie komen 17. lb?
Facit 24. fl. 4. ß. vnd 6. hlr.

Brichs/ steht:

8 76. ß. 51

Item 36. lb. vmb $7\frac{3}{5}$. fl. wie kommen 45. lb?
Facit 9. fl. 10. ß.

Brichs/ steht also:

180 38. fl. 45

Item 24. lb. für 3. fl. vnnd 7. ß. wie 13. drey vier theil lb?
Facit 1. fl. 18. ß. 4. hlr. vnd $\frac{5}{8}$.

Brichs / vnd geh / stehet also:

96 67. ß. 55

Item $3\frac{2}{5}$. lb. für 2. fl. 16. ß. wie $3\frac{4}{5}$. lb?
Facit 2. fl. 18. ß. vnd $\frac{2}{5}\frac{4}{5}$. theil eins hellers.

Nimen mach ß. fornen brichs in sich / darnach mit dem hindern / als dann brichs hinder

der in sich/ vnnd gehe mit dem fördern darein/ steht:

55 56 57

Item $4\frac{3}{7}$. lb. für $6\frac{2}{3}$. fl. wie kommen 19. lb?

Facit 28.fl.12.ß.0.hlr. $\frac{16}{31}$.

Brichs wie du vnderwiesen bist / so stehet es wie hie:

93 20. fl. 133

Item 13. lb. für $3\frac{1}{4}$. fl. wie kommen $6\frac{5}{9}$. lb?

Facit 1.fl.12.ß.9.hlr.vnd $\frac{1}{3}$.

Brichs nach dem vorigen / stehet:

468 13 59

Item $3\frac{2}{3}$. lb. für $3\frac{3}{7}$. fl. wie kommen $6\frac{5}{9}$. lb?

Facit 6.fl. 2.ß.7.hlr. $\frac{12}{77}$. theil.

Brichs vberal in sich/ darnach gehe mit dem fördern ins hinder / als dann mit dem mitteln vnd hindern ins förder / also:

693 24 177

Item $\frac{2}{3}$.vnd $\frac{3}{4}$.lb.für 6.fl. $\frac{1}{3}$. vnd $\frac{2}{3}$. von drey viertheil/vnd $\frac{1}{4}$. von $\frac{3}{5}$. vier fünfftheil / wie kommen $\frac{1}{2}$. vnd $\frac{1}{3}$. vnd $\frac{1}{4}$. von eim halben fünff theil eines lb?

Facit 4.fl. 4.ß. 3. hlr. vnd $\frac{41}{425}$.

Mach es also: Summir zusamen die fördersten Brüch/ so kommen $\frac{17}{12}$. Nun nimb für dich die mittelste zahl / vnd summir wie gesagt ist/ so kommen 6. fl. vnd $\frac{143}{150}$. Deßgleichen mit

der

der dritten/werden $\frac{103}{128}$.lb. Nun brichs/vnd gehe wie im nechsten/ steht also:

306000 1043 1236

¶ Pfeffer.

Item ein sack mit Pfeffer wigt 3. Cent. 48. lb. kost ein lb. 7. ß.

Facit 121. fl. 16. ß.

¶ Ingwer.

Item ein sack Ingwer wigt 98. lb. 13. loth/ vnd kost ein lb. 13. ß.

Facit 63. fl. 19. ß. 3. hlr. vnd drey achttheil.

Mach fornen vnd hinden die lb. zu lothen/ stehet also:

32 13 3149

¶ Saffran.

Item ein stumpff Saffran wigt 48. lb. 13. loth/ 3. q. vnd kost ein lb. 3. fl. 9. ß. 6. hlr.

Facit 168. fl. 5. ß. 10. hlr. vnd $\frac{23}{64}$.

Setz ein lb. für 3. fl. 9. ß. 6. hlr. wie komen 48. lb. 13. loth/ 3. q. mach forn vnd hinden q. darnach mitten heller/ steht:

128 834. hlr. 6199

Item ein stumpff Saffran wiget 38. lb. 16. loth/tara 9. loth/vnd man gibt $3\frac{2}{3}$. lb. für $8\frac{3}{4}$. fl.

Facit 91. fl. 4. ß. 0. hlr. $\frac{81}{83}$. theil.

Thu

Thu jhm also / Nimb ab das Tara/darnach sprich / $3\frac{2}{3}$. lb. für $8\frac{3}{4}$. fl. wie kommen 38. lb. vnd 7. loth/Mach hinden loth/gehe mit dem fordern Bruch darein / darnach brichs fornen in sich/ gehe mit dem mitteln darein / dasselbig verzeichen/vnd brichs mitten in sich / steht:

1408 35. fl. 3669

¶ Kalmus.

Item ein Sack mit Kalmus wigt 48. lb. 24. loth/Tara 2. lb. vnd 16. loth/kost ein lb. 13. ß. ein halben.

Facit 31. fl. 4. ß. 4. hlr. vnd ein halben.

Das Tara nimb herab / mach forn vnd hinden loth/brichs mitten / vnd gehe herfür / stehet:

64 27 1480

¶ Mandeln.

Item drey Säck mit Mandeln wegen drey Centner/17. lb. 4. Cent. 29. lb. vnd 2. Cent 78. lb. kost ein Cent. 7. fl. dritthalben ort.

Facit 78. fl. 1. ß. 7. heller/vnd ein fünfftheil.

Machs also / Summir zusamen / werden 1024. lb. setz hinden/ 100. forn/ vnd 7. fl. fünff achttheil/mitten/brichs/vnd gehe/steht also:

800 61 1024

¶ Baumwollen.

Item

Item zwo Ziechen mit Baumwollen wigen 6. Cent. 29. lb. vnd 3. Centner / 11. lb. Tara 37. lb. kost ein Cent. 17. fl. $3\frac{1}{2}$. ort.

Facit 161. fl. 8. ß. 2. hlr. $\frac{7}{10}$.

Machs nach dem jetzigen / stehet:

800 143. fl. 903

Item ein sack mit Schaaffwollen wigt 7. Centner / 44. lb. Tara 21. lb. kost ein Cent. 6. fl. 9. ß. 8. hlr.

Facit 46. fl. 17. ß. 5. hlr. $\frac{22}{25}$.

Nimb ab das Tara / mach eitel hlr. steht also:

100 1556. hlr. 723

¶ Lorbeeren.

Item zween Säck mit Lorbeeren wigen 4. Cent. 29. lb. $\frac{1}{2}$. vnd kost ein Cent. 10. fl. $1\frac{1}{2}$. ort.

Facit 44. fl. 11. ß. 2. hlr. $\frac{11}{20}$.

Machs vnd brichs / nach den vorigen / stehet also:

1600 83. fl. 859

¶ Weinstein.

Item ein Faß mit Weinstein wigt 3. Cent. 68. lb. Tara 21. lb. vnd kost ein Cent. 9. fl. 13. ß.

Facit 33. fl. 9. ß. 8. hlr. vnd $\frac{13}{25}$. theil.

Nimb ab das Tara / vnd setz nach obgesetztem / stehet also:

100 193 347

¶ Alaun.

¶ Alaun.

Item ein Faß Alaun wigt 3. Centner/ 75. lb. vñ ein halbes/ Tara 23. lb. kosten $7\frac{2}{3}$. lb. ein fl.

Facit 45. fl. 19. ß. 6. hlr. vnd $\frac{18}{12}$. theil.

Nimb ab das Tara / als dann brichs vnnd geh/ steht also:

46	1. fl.	2115

¶ Feigen.

Item fünff Körb mit Feigen wigen 2. Cent. 18. lb. 3. Cent. 7. lb. 5. Cent. 9. lb. 3. Cent. 45. lb. vñ 4. Cent. 78. lb. Tara auff jedem Korb 14. lb. kost ein Centner 5. fl. 3. ort.

Facit 102. fl. 15. ß. 0. hlr. dreyfünfftheil.

Machs also: Summir / nimb ab das Tara/ als dann brichs vnd geh / stehet also:

400	23. fl.	1787

¶ Vnschlet.

Item 5. Fässer mit Vnschlet wigen 8. Cent. 13. lb. 5. Cent. 12. lb. 4. Cent. 17. lb. 9. Cent. 35. lb. vnd 3. Cent. 15. lb. Tara auff jedes Faß 21. lb. kost ein Cent. 2. fl. dritthalben ort.

Facit 75. fl. 15. ß. 8. hlr. vnd ein zehen theil.

Machs nach dem jetz gesatzten / steht also:

800	21. fl.	2887

¶ Oel.

Item

Item vier Lagel mit öle/ wigen 4. Centner/ 13. lb. 3. Cent. 21. lb. 5. Cent. 16. lb. vnd 3. Cent. 75. lb. Tara auff ein Cent. 11. lb. Vnd kost ein Cent. 7. fl. anderthalben ort.

Facit 107. fl. 19. ß. 4. hlr. vnd sechs siben vnd dreyssig theil.

Machs also: Summir/ werden 1625. setze hinden/ nimb das Tara nicht ab/ sondern addir es dem Cent. als 100. werden 111. lb. die setze forn/ vnd was ein Centner lauter kost/ mitten/ als 7. fl. drey achttheil/ Darnach brichs vnd gehe/ steht also:

888 59. fl. 1625

Honig.

Item drey Thonnen mit Honig/ wigen 6. Centner/ 45. lb. 3. Centner 13. lb. vnd 5. Cent. 48. lb. Tara auff ein Cent. 12. lb. Vnd man gibt 14. lb. für ein ½. fl.

Facit 144. fl. 1. ß. 4 hlr. $\frac{26}{49}$.

Machs also: Rechen zum ersten wie ein Centner lauter kompt/ Darnach machs nach dem jetzt gesatzten/ stehet wie hie:

784 75. fl. 1506

Seyffen.

Item 4. Lagel mit Seyffen / wigen 3. Centner/ minus 13. lb. 4. Cent. ein lb. 4. Centner/ minus 28. lb. vnd 3. Centner/ minus 11. lb. Tara auff ein Centner zehen lb. vnd kost ein lb. lauter

ter 16. dr. ein halben / Facit 80. fr. 6. groschen / 3. dr. den fl. für 21. groschen / vnd ein grosch. für 12. dr. gerechnet / machs nach dem nechst gesatzten / Rechen zum ersten wie ein Centner lauter / facit 1650. dr. Nun addir das tara zum Centner / vnd sprich / 110. lb. kosten 1650. dr. was kosten 1349. lb? das 0. magstu forn vnd mitten außleschen / vnd also setzen.

11 165. dr. 1349

¶ Zobel.

Item man kaufft 75. Zobel / das zimer als 40. für 75. fl. dritthalben ort / mehr 789. bälg Lassitz / das 100. für 5. fl. ein halben / mehr 389. Harmbälg / das 100. für 8. fl. dritthalben ort / vnd 2975. Schönwerck auff Ledder / das 1000. für 58. fl. ein ort.

Facit alles zusamen in Golt 392. fl. 0. ß. 8. hlr. vnd $\frac{17}{20}$. theil.

Machs also / Rechen eines nach dem andern / Als dann summir / so kompt das facit / wie angezeigt.

¶ Messing.

Item einer kaufft 25. Cent. 56. lb. Messings / kost ein Centner 13. flor. $\frac{4}{5}$. den flor. für acht lb. 11. dr. vnd ein lb. für 30. dr. gerechnet. Machs also / resoluir ein flor. in dr. kommen 251. dr. damit multiplicir die vberigen Gülden / theil ab / vnd mach lb. kommen 352. fl. 6. lb. 2. dr. vnd $\frac{21}{125}$. theil.

¶ Drath.

Item 3. Cent. 28. lb. Drath / kost ein Centner $5\frac{2}{3}$. fl. den fl. für acht ß. minus 6. dr. vnd ein ß. für 30. dr.

Facit 18. fl. 4. ß. 17. dr. $\frac{7}{25}$. theil.

Machs nach dem jetzt gesatzten.

¶ Vnschlit.

Item einer kaufft achtzehen Centner / 17. lb. Vnschlit / gibt für den Centner 3. fl. 5. lb. 27. dr. den fl. für 5. lb. 28. dr.

Facit 72. fl. 3. lb. 12. dr. $\frac{87}{108}$.

Thu jhm also: Resoluir zum ersten ein fl. in dr. kommen 178. dr. Nun mach die 3. fl. 5. lb. 27. dr. ins kleinest / als in dr. steht also:

100 711. dr. 1817

Die dr. welche auß dem diuidiren kommen / mach mit 178. zu fl. vnd die vberigen mit 30. zu pfunden.

¶ Wachs.

Item 2. scheiben mit Wachs wigen zu Crocaw 12. Centner / ein stein / 7. lb. vnd 9. Centner / 2. stein / 9. lb. kost ein Centner 11. fl. ein halben ort / den fl. für 30. groschen / ein groschen für

18. hel.

18. heller/den Centner für 130. lb. vnd ein stein für 26. lb. gerechnet.

Facit 241. fl. 20. grosch. 1. hlr. $\frac{5}{3}$. theil.

Item vier scheiben mit Wachs wigen zu Preßlaw 3. Centner/ein stein/7. lb. 4. Centner/ 4. stein/11. lb. 6. Cent. ein stein/8. lb. vnd 3. Cent. 4. stein/16. lb. kost 1. stein 3. fz. anderthalben ort.

Facit 336. fl. 39. gro. vnd fünffthalben hlr. den Centner für 132. lb. den stein für 24. lb. den fl. für 60. gro. vnnd ein gro. für 12. hlr. gerechnet.

Item 4. Lagel mit öl/wigen samentlich 22. Cent. 5. stein/6. lb. kost ein Cent. 9. marck/ein ort/tara 12. lb. auff ein Cent. die marck für 48. gro. den gro. für 7. dz. den Centner für 132. lb. vnd ein stein für 24. lb. gerechnet.

Facit 194. marck/30. groschen vnd vierdthalben dz.

Item einer kaufft für 324. fl. Saffran/kost ein lb. 3. fl. 5. ß. Negelin/kost ein lb. 17. ß. vnd Ingwer/kost ein lb. 8. ß. wil eins so viel als deß andern haben. Machs also/Summir zusamen was jeglichs ein lb. kost/kommen 5. fl. 10. ß. Sprich: 5. fl. 10. ß. geben jegliches ein lb. was geben 324. fl. machs fornen vnnd hinden zu ß. steht also:

110. ß. 1. lb. 7480. ß.

Rechen es/ kommen 58. lb. 29. loth/ vnnd ein eylfftheil.

Item ein Centner Wollen gilt 7. fl. vnd ein Centner Wachs 14. fl. Nun wil einer anlegen 124. fl. vnnd wil zweymal so viel der Wollen als deß Wachs nem̃en.

Facit $8\frac{6}{7}$. Centner Wollen/ vnd $4\frac{3}{7}$. Centner Wachs.

Thu jhm also/ Duplir die flor. der Wollen/ werden 14. Addir zu den flor. deß Wachs/ kommen 28. Sprich 28. geben ein Centner Wachs/ was geben 124. fl? Facit wie oben/ Die duplir/ kommet die Wollen/ Also dergleichen.

Item man kaufft 4. scheiben mit Wachs/ wigen 3. Cent. 17. lb. 4. Cent. 9. lb. 5. Cent. 28. lb. vnd 4. Cent. 19. lb. kost ein Cent. 16. flor. ein halben ort/ den fl. für 8. lb. 12. dz. gerechnet.

Facit 269. fl. 6. lb. 14. dz. vnd theil $\frac{71}{200}$.

¶ Schmeer.

Item 3. fässer mit Schmeer wigen 4. Cen. minus 13. lb. 3. Centner/ 28. lb. vnd 5. Cent. 11. lb. kost ein Centner 3. fl. 5. lb. 27. dz. den fl. für 5. lb. 28. dz.

Facit 48. fl. 5. lb. 22. dz. vnd $\frac{43}{50}$. theil.

¶ Seyffen.

Item einer kaufft zwey fässer mit Seyffen/

wigen zusamen 17. Cent. 3. stein / 16. lb. kost ein Cent. 4. fl. anderthalben ort / den Cent. für 6. stein / ein stein für 20. lb. den fl. für 48. gro. vnd ein gro. für 7. dz.

Facit 77. fl. 7. grosch.

Item einer kaufft 613. lb. Reiß für 40. fl. 12. ß. 2. hlr. $\frac{7}{10}$. kompt ein Centner für 6. fl. 12. ß. 6. hlr. wie viel hat ein Centner lb?

Facit 100.

Machs also: Sprich 40. fl. 12. ß. 2. hlr. $\frac{7}{10}$. geben 613. lb. was geben 6. fl. 12. ß. vnd 6. hlr. Mach hlr. vnd brichs / steht also:

97467 613 15900

Item 1. Centner Schwefel für 8. fl. $\frac{2}{3}$. theil / wie kommen 643. lb.

Facit 55. fl. 19. grosch. 7. dz. $\frac{11}{25}$.

Nun wolt ich gern wissen / wie der fl. gerechnet ist / vnd ein grosch gilt 12. dz?

Facit für 27. groschen.

Machs also: Sprich / 100. lb. für 8. fl. zwey drittheil / wie 643. lb. Facit 55. fl. vnd $\frac{109}{150}$. theil. Solche theil sollen die vberigen grosch. dz. vnd theil bringen. Derhalben sprich 109. geben 19. grosch. 7. dz. vnd $\frac{11}{25}$. was geben 150. theil? Facit wie oben / vnd so es gebrochen wirdt / kompt also:

2725 5886 150

Item einer wil kauffen dreyerley farb / nemlich / Roth / kosten 3. eln 1. fl. Schwartz / kosten 4. elen 1. fl. vnd Grün / kosten 5. elen 1. fl. wil eines so viel als deß andern haben für 1. fl.

Facit jeglichs 1. elen vnd $\frac{13}{47}$. theil.

Machs also: Rechen wie viel jeglichs ein elen in sonderheit kost / vnnd summir zusamen / kommen 15. ß. 8. hlr. Sprich 15. ß. 8. hlr. geben jeglichs ein elen / was geben 20. ß? Mach heller / steht also:

188 1. elen 240

Zu gleich soltu auch thun vnnd machen / so dir fürgeben wirdt zurechen 7. groschen für ein fl. 18. groschen für ein flor. 21. groschen für ein fl. vnnd 28. groschen auch für ein fl. einer so viel als der andern / Thu jhm also: Setz 7. 18. 21. 28. multiplicir durch einander / komen 74088. die theile in 7. 18. 21. 28. werden 10584. 4116. 3528. vnd 2646. Addir zusamen / so kommen 20874. vnd setz darnach also:

20874 1. grosch. 74088

Machs / so kommen 3. groschen vnd $\frac{22}{71}$. theil / jeglicher groschen zu bringen.

Item einer kaufft 3. kübel mit Butter / wiget der erste 64. lb. ein viertheil / der ander 75. lb. vnd der dritt 83. lb. geht ab für das holtz 29. lb. ein drittheil / kost ein lb. 7. dr. ein heller / vnd 3. dr. näher dann der kauff / den fl. für 21. groschen / vnd ein groschen für 12. dr.

Facit

Facit 5. fl. 15. groschen / 3. dz. ein hlr. vnd drey viertheil.

Machs also: Sum̃ir zusamen / vnd nimb ab das Tara. Darnach rechen es / vnd nim̃ von dem facit die 3. dz. so kompt es wie oben stehet.

Exempel der verkerten Detri.

¶ Brodtkauff.

Item so das Korn 14. Groschen gilt / becke man ein pfenning Brodt / wiget 34. loth / wie schwer sol mans backen so es auffschlegt / vnd 17. grosch. gilt?

Facit 28. loth.

Machs durch verkehrung / setz:

17	34. loth	14

Item einer kaufft 7. elen Tuchs / ist 9. viertheil breyt / wie viel sol er futtertuch nem̃en / das sechs viertheil breyt ist.

Facit 10. elen / 2. viertheil.

Setz also:

6	7. elen	9

Exempel der zwifachen Detri.

Von Fracht vnd Fuhrlohn.

JTem man gibt von 3. Centner 24. Meil ein Vngerischen fl. zu fuhrlohn / wie viel wirdt man geben von 11. Centnern 120. meil?

Facit 18. Vngerisch vnd $\frac{1}{3}$. theil.

Setz also:

3. Cent.	1. Vng.	11. Cent.
24. meil.		120. meil.

Multiplicir mit einander die fördern / deßgleichen auch die hindern / vnd steht also:

72	1. Vng.	1320

Jtem von 4. Centner 7. meil gibt man 1. fl. 2. lb. 9. dr. zu fuhrlohn / den fl. für 7. lb. vnd ein lb. für 30. dr. wie viel meil wirdt man führen 48. Centner vmb 20. fl?

Facit 8. meil vnd $\frac{218}{279}$. theil einer meil.

Setz also:

4. Cent.	7. meil	48. Cent.
1. fl. 2. lb. 9. dr.		20. fl.

Mach forn dr. multiplicir mit 48. Darnach mach hinden dr. multiplicir mit 4. Cent. forn gesatzt / setz hinden vnd mitten die 7. meil also:

13392	7	16800

Vom gewinn nach der zeit.

Item 12. fl. gewinnen in 3. Jaren 7. fl. in wie viel Jaren werden 20. fl. gewinnen 12. fl?

Facit 3. Jar vnd $3\frac{3}{5}$. theil.

Machs wie das nechst verzeichnet außweiset / setz:

12. fl.		20. fl. hauptgut.
	3. Jar	
7. fl.		12. fl. gewinn.
140	3. Jar	144

Item 80. fl. gewinnen in 5. Monat 11. fl. die frag nach dem hauptgut von 30. fl. gewinn in einem Jar.

Facit 83. fl. vnd ein drittheil.

Setze wie hie folgt:

5. Monat		12. Monat
	80. fl. hauptgut.	
12. fl. gewinn		30. fl.

Multiplicir im Creutz / wie oben / steht also:

144	80. fl.	150

Vom Wucher.

Vom gewinn / der auff außleihung Geldts geschicht / das ein zeitlang bleibet beruhen /

welchen die Juden gebrauchen / alle quartal auff zuschlagen / solt du folgende Exempel zu hertzen nemmen / was derselbig tragen mag/ vnd ob der billich zu leiden.

Item ein Jud leihet einem 20. fl. vier Jar/ vnnd alle halbe Jar rechent er den gewinn zum hauptgut / Nun frag ich/ wie viel die 20. fl. angezeigte 4. Jar bringen mögen/ so alle Wochen 2. dr. von einem flor. gegeben werden? Facit gewinn/ vnd gewinns gewinn / rc. 69. fl. 14. grosch. 9. dr. vnnd $\frac{2125648028045}{3938980639167}$. theil. Mache es also: Rechen zum ersten wie viel die 20. fl. ein halb Jar tragen. Sprich/ ein wochen gibt 40. dr. was geben 26? Facit 1040. dr. Nun mach die 20. fl. zu dr. kommen 5040. dr. hauptgut. Addir den gewinn / kommen 6080. Sprich / 5040. dr. geben 6080. das erste halb Jar/ was geben 6080. das ander halb Jar? das 0. lesch forn vnd mitten auß / steht also:

504 608 6080

Die förderste vnd mittelste zahl / laß gegen einander auffgehen/ dann es wirdt sonst zu hoch steigen im multiplicirn / steht:

63 76 6080

Multiplicir/vnd theil nicht ab/sonder schreib den theiler darunder/ kompt hauptgut vnd gewinn/ das anderhalb Jar. Darnach sprich aber 63. geben 76. was gibt hauptgut vnnd gewinn zusamen auß dem andern halben Jar gekommen? Machs also hinfür biß auff die achthalbe Jar/ darnach diuidir mit dem theiler/ welcher dir kommen wirdt/ so hastu eitel pfenning/ die mach zu groschen/ vnd als dann groschen zu gůlden/ so kompt das facit/ wie oben verzeichnet.

Wechsel Rechnung.

JTem ein fl. Reinisch gilt in Můntz 21. gro. vnd 20. ß. in Golt/ wie viel Můntz gebůrt sich zu geben fůr 11. ß. 9. hlr?

Facit

Facit 12.groſch.4.dz.vnd $\frac{1}{20}$.

Steht alſo:

240.hlr. 21.gro. 141.hlr.

Item 894. Vngeriſch gülden / wie viel machen die Reiniſch / 29.auff?

Facit 1153.Reiniſch / 5.ß.2.hlr. vnd zwey fünfftheil.

Thu im alſo / Addir den auffwechſel zu 100. Reiniſchen / vnd ſprich / 100. Vngeriſch thun 129. Reiniſch/wie viel 894. Vngeriſch? Facit wie oben.

Item 1378. Vngeriſch / wie viel Reiniſch / $31\frac{1}{4}$. auff?

Facit 1808. Reiniſch / 12.ß. 6. hlr.

Machs/ſteht alſo:

400 525 1378

Item 874. Vngeriſch/wie viel Reiniſch/ je drey Vngeriſch für vier Reiniſch.

Facit 1165.Reiniſch/6.ß.8.hlr.

Item 478.Reiniſch/wie viel Vngeriſch 29. vnd ein halben auff? Facit 369. Vngeriſch / 3. groſch.2. dz. $\frac{250}{239}$. den Vngeriſchen für 39.gro. gerechnet / vnd ein groſchen für 12.dz. Thu jhm alſo / ſprich: 129. vnd ein zweytheil Reiniſch/geben 100. Vnger. was geben 478. Reiniſch? Brichs/ſteht alſo:

259 100 956

So dir Vngeriſch fz. vberig bleiben / vnnd

weiſt

weißt nicht wie der gerechnet / so mache darauß Reinisch ß. theil ab mit dem mitteln. Seind aber Brüch vorhanden / so gehe in das mittel/ wie hie.

Item 578. Reinisch fl. wie viel machen die Vngerisch / 32. vnd ein halben auff?

Facit 436. Vngerisch/vnd 6. ß.

Item 1236. Reinisch / wie viel Vngerisch/ 32. vnd ein drittheil auff?

Facit 934. Vngerisch / 0. ß. 1. hlr. vnd $\frac{2}{5}$.

Thu jhm also/Sprich/132. vnd $\frac{1}{3}$. Reinisch/ geben 100. Vnge. was geben 1236. Reinisch? Brich es/ steht also:

397 100 3708

Item einer verwechselt 1478. Vngerisch fl. 16. ß. 11. hlr. $2\frac{7}{5}$. vnd gibt je 100. Vngerisch / vnd 13. ß. für 142. Reinisch.

Facit 1090. Reinisch.

Machs also / Nimb den 100. Vngerischen/ die 13. ß. deßgleichen auch den 142. vnd laß die ß. hinden bleiben bey den Vngerischen / also:

100 —— 141. fl. 7. ß. —— 1478. Vng.

Rechen es/vnd addir zum facit die 6. ß. 11 $2\frac{7}{5}$. so kompt es wie angezeigt.

Item einer wil verwechselen 789. Reinisch/ vnd man gibt jhm für 139. Reinisch/ 100. Ducaten/ 6. ß. wie viel machts? Thu jhm also/ Nim̃

auff

auff beyden theilen hinweg dem förderstẽn vnd dem mittelsten die 6.ß. vnd setz als dañ also/ 138. Reinisch/14.ß. geben 100. Ducaten / was geben 789. Reinisch? Mach ß. stehet also:

2774 —— 100. Ducaten. —— 15780

Rechen es/ kommen 568. Ducaten /bleiben 2368. die theil ab mit dem mitteln / als 100. kommen 23. ß.dann ß.stehen forn/bleiben 68.ß. Mach heller / theil auch ab mit 100. werden $8\frac{4}{25}$. heller.

Item 100. Ducaten gelten 124. Reinisch/ vnd 100. Reinisch gelten 72. Vngerisch /wie viel Ducaten werd ich haben für 72. Vnger. setz also:

72. Vng. — 100. Rein. mal 124. Rein. — 100. Duca.	für 72. Vng.

Die fördern multiplicir mit einander /vnd auch die mitteln / stehet also:

8928 —— 10000. Duc. —— 72

Facit/so du es gerechnest / 80. Duc. bleiben 5760. Ducat. darauß mach Reinische ß.mit 20. Darnach multiplicir die 72. Vnge.fl. forn mit den 100. Du. mitten/ kommen 7200.dem theiler / damit theil ab /so hast du 16. ß.ist recht/ dann es ist ein zwyfächtiger wechsel.

Item einer wil verwechselen 80. fl. Vnger. vmb Rein.vnd man gibt jhe 3. Vng.fl.für 4.fl.

Reinis.

Reinis. vnd ein Böhmischen gro. den Vng. für 27. gro. Böhmisch gerechnet/ Die frag wie viel die 80. fl. Vng. Rein. machen. Facit 108. Rei. Thu jm also/ Sprich/ 3. Vng. machen 4. Rei. vñ ein Böhmischen gro. was machen 80. Vn. mach die Vng. fl. forn vnd hinden zu Böhmischen grosch. Als dañ nimb den fördern hinweg einen Böhemischen groschen/ deßgleichen dem mitteln/ steht also:

80 4. Rein. 2160

Vergleichung der Gewicht.

Item 7. lb. von Padua / thun 5. zu Venedig/ vñ 10. von Venedig/ thun 6. zu Nürnberg/ vnnd 100. von Nürnberg/ thun 73. zu Cölln/ wie viel thun 1000. lb. von Padua zu Cölln?

Facit 312. lb. vnd sechs sibentheil.

Setz also:

7. Padua.	5. Venedig.	1000. Padua.
10. Venedig.	6. Nürn.	
100. Nürn.	73. Cölln.	

Multiplicir die fördern mit einander / deßgleichen auch die mitteln/ steht:

7000 2190 1000

Gewinn vnd verlust Rechnung.

¶ Wachs.

¶ Wachs.

Item ein Cent. Wachs für 15. fl. 3. ort / wie viel lb. komen für ein fl. so man am 100. gewinnen wil 7. fl?

Facit 5. lb. 29. loth / 3. q. 2. dr. gewicht / 0. hlr. vnd $\frac{1684}{6741}$. theil.

Machs also / Rechen zum ersten wie viel Wachs für 100. fl. kompt / Als dann addir die 7. fl. zu 100. vnd sprich / 107. fl. geben so viel Wachs / als hierinn $634\frac{58}{63}$. lb. was gibt ein fl? Brichs steht also:

6741	40000. lb.	1. fl.

¶ Ingwer.

Item einer verkaufft Ingwer / gibt ein lb. für 11. ß. 6. hlr. gewinnt 8. fl. am 100. wie hat er ein lb. gekaufft?

Facit für 10. ß. 7. hlr. vnd $\frac{7}{9}$.

Machs also / Addir den gewinn dem hauptgut / als 8. fl. dem 100. kommen 108. fl. Sprich 108. fl. hauptgut vnd gewinn geben 100. fl. hauptgut / was geben 11. ß. 6. hlr. auch hauptgut vnd gewiñ? Mach forn vnd hinden heller / steht:

25920	100. fl.	138

Oder setz forn vnd hinden fl. vnd. 11. ß. 6. hlr. mitten / steht:

108	11. ß. 6. hlr.	100. fl.

Kompt auch gerecht / dann die letzsten 2. werden mit einander multiplicirt / vnd ins erst getheilt.

¶ Saffran

¶ Saffran verlust.

Item/ einer kaufft Saffran/ das lb. für 3. fl. anderthalbē ort/verkaufft den wider not halben/ verleuret 7. fl. an 48. wie hat er ein lb. verkaufft?

Facit für 2. fl. 17. ß. 7. hlr. vnd $\frac{7}{8}$.

Auch wie viel ist deß Saffrans gewesen.

Facit 14. lb. vnd zwey neuntheil.

Machs also: Dieweil er wider verkäufft vnd verleuret/ nimb derhalben die 7. fl. von 48. bleiben 41. die er löset/ sprich/ Auß 48. fl. lößt er 41. fl. wie viel wirdt er lösen auß dem Gelt/ das er für ein lb. geben hat/ das ist/ auß 3. fl. anderthalben ort? Facit wie oben. Deßgleichen auch so du wissen wilt/ wie viel lb. er gekaufft/ sprich/ 3. fl. anderthalben ort geben ein lb. was geben 48. fl?

Facit als oben.

¶ Sammat.

Item ein eln Sammat kauffe ich für 3. fl. 9. ß. wie sol ich sie wider geben/ so ich am 100. gewinnen wil 11. fl?

Facit für 3. fl. 16. ß. 7. hlr. $2\frac{2}{5}$ theil.

Thu jm also: Addir den gewinn zum Hauptgut/ vnd sprich: Auß 100. fl. wil ich lösen 111. fl. wie viel löß ich auß 3. fl. 9. ß. die ich für ein Eln geben hab/ stehet also:

100. fl. 3. fl. 9. ß. 111. fl.

Item einer gibt ein Eln Sammat für 4. fl.

vnd verleuret 9. fl. am 100. wie hat er ein Elen kaufft? Facit 4. fl. 7. ß. 10. hlr. vnd $\frac{86}{91}$ theil.

Nimb 9. fl. von 100. bleiben 91. vnnd sprich: Auß 91. flo. solt er gelößt haben 100. flo. wie viel auß 4. fl. so theuwer er ein Eln gegeben hat/ also:

91 100. fl. 4

Item/ einer kaufft 4. Eln Tuchs für 5. fl. vñ gibt wider 7. Eln für 11. fl. hat so viel Eln kaufft/ vnd wider verkaufft/ hat 24. fl. gewunnen/ Die frage/ wie viel Eln er kaufft hat? Mache es also: Rechen zum ersten/ wie viel die 7. Elen tragen? Sprich 4. Eln für 5. fl. wie 7. eln? Facit 8. fl. 15. ß. die nimb von 11. flo. bleiben 2. flo. 5. ß. gewinn/ vnd setze darnach also/ 2. fl. 5. ß. gewinn geben 7. Eln/ was geben 24. fl? Machs/ steht also:

45 7. Eln. 480

Rechen es/ so kommen 74. Eln/ vnd $\frac{2}{3}$.

Gewandt Rechnung.

JTem / einer kauffet zween Säum Gewandt zu Bruck in Flandern / kost ein Tuch 13. fl. ein halben / helt ein Saum 22. Tuch / kosten mit fuhrlohn biß gen Preßburg in Vngern 34. fl. Allda gibt er ein Tuch für 12. fl. vierdthalben orth Vngerisch / vnd 100. Vngerisch thun 136. fl. ein orth Rheinisch.

Facit gewinn am Rheinischen Golt 143. fl. 17. ß. vnnd anderthalben hlr. Oder am Vngerischen Golt gewinnet er 105. Vngerisch / 15. ß. 10. hlr. vnd ein halben.

Machs also / rechen zum ersten / was die Tücher kosten / zu dem selbigen addir das fuhrlohn / vñ verzeichen es ein weil / Darnach rechen / wie viel er Vngerisch darauß kaufft / dasselbig mach zu Rheinischen / vnd nimb ab / was dich die Tücher gekostet habẽ / so bleibt dir Rheinisch gewiñ / wie oben 143. fl. 17. ß. vnd anderthalben hlr. den mach zu Vngerischen also / sprich 136. Rheinische / 5. ß. geben 100. Vngerisch flo. was geben 143. fl. 17. ß. vnd anderthalben hlr. Mache forn vnd hinden ß. die heller laß beruhen / stehet also:

2725. ß. 100. Vng. 2877. ß.

Rechene es / kommen 105. Vngerisch / bleiben 1575. sind ß. theile ab mit 100. Vngerisch / so mitten stehen / kommen 15. ß. 9. hlr. Darzu thu die anderthalben heller / so hast du zu gewinn an Vngerischen Golt / wie oben verzeichnet.

Fusti.

ITem/einer kaufft zu Venedig ein Sack mit Negelin / wigt 654. lb. vnnd ein halbes/kost ein lb. 9. ß. gestehet mit fuhrlohn biß gen Nürenberg 25. fl. Vnd 10. lb. von Venedig machen 6. lb. zu Nürenberg / allda helt ein Centner 15. lb. Fusti/kost ein pfundt Fusti 4. ß. vnnd ein pfundt lauter 16. ß. wie viel hat er verloren oder gewunnen?

Facit verlust 40. fl. 14. ß. 1. hlr. vnd $\frac{23}{25}$.

Mache es also / Rechene wie er die Negelin kaufft/ addir darzu das Fuhrlohn. Darnach mach Venedisch gewicht zu Nürenbergischen/ dasselbige merck. Als dann nimb die 15. lb. Fusti/ von einem Centner/bleiben 85. lb. lauter/Rechen wie viel die 15. lb. Fusti zu 4. ß. vnd die 85. lb. lauter zu 16. ß. in einer summa machen / kommen 71. fl. sprich darnach/ 100. lb. durch einander Fusti vnnd Negelin kommen für 71. fl. wie kommen dann so viel der lb. seind / als hierinn/ 392$\frac{1}{}$ ℨ. Facit/das nimb von dem/das jhn gekost hat/ so bleibt verlust wie oben.

Saffran.

ITem/ einer nimpt zu Venedig an einer verlornen schuldt 25. lb. vnnd ein halbes Saffran/

Zan/ein lb. für 2. ein drittheil eins Ducaten/ gesteht mit fuhrlohn biß gen Nürnberg dritthalbē Ducaten/ vnd 10. lb. von Venedig/ thun 6. lb. zu Nürenberg/ Allda gibet man 1. lb. für fünffthalben fl. Rheinisch/ vnd 100. Ducaten thun 134. Rheinisch / wie viel hat er gewunnen oder verloren?

Facit verlust 14. fl. 4. ß. 7. hlr. vnd $\frac{1}{5}$.

Mache es nach dem Gewandt/ so kompt das facit recht.

¶ Zin.

Item/ einer kaufft zu Eger 124. Centner Zin/ ein Centner für 16. fl. ein halben / gestehet mit fuhrlohn biß gen Nürenberg 34. fl. vnd 3. Centner von Eger thun 4. Centner zu Nürenberg/ Allda gibet er ein Centner für 10. fl. anderthalben ort/ wie viel hat er gewunnen oder verloren?

Facit verlust 364. fl. 13. ß. vnd 4. hlr.

Machs also: Rechen zum ersten wie viel jhn das Zin kost biß gen Nürenberg/ darnach mach das Egerisch gewicht zu Nürenbergischen / vnd rechen/ wie viel er allda löset/ Darnach nimb eines von dem andern/ hast du mehr gelöset dann dich es gekostet hat / so hast du gewunnen. Wo nicht/ so hast du verloren/ wie hierinnen.

¶ Pfeffer.

Item/ ein Sack mit Pfeffer wigt zu Nürenberg 4. Cent. 48. lb. tara 12. lb. vnnd ein halbes/ kost ein lb. 9. ß. gesteht mit fuhrlohn biß gen Leipzig 4. fl. Vnd 10. lb. von Nürnberg thun 11. lb. zu Leiptzig / Allda gibet man ein lb. für 9. grosch. 6. dz. vnd 20. ß. machen 21. groschen/ den grosch. für 12. dz. gerechnet.

Facit das man am Sack gewinnet 16. fl. 15. groschen/ vnd 6. dz.

Mache es also / Nimb ab das Tara / rechen wie viel man zu Nürenberg darfür gibt/ vnd addir darzu das fuhrlohn/ darnach mach Leiptzisch gewicht/ rechen wie viel man allda darauß löset/ als dann resoluir das Golt in Müntz/ nimb eins vom andern/ so kompt der gewinn.

¶ Wachs.

Item/ einer kaufft Wachs zu Preßlauw/ jhe ein stein für 2. fl. anderthalben orth Vngerisch/ gestehet ein Centner Preßlisch gewicht / der da hat allda sechsthalben stein / oder 132. lb. biß gen Nürenberg anderthalben Vngerischen fl. vnnd 128. lb. von Preßlaw machen 100. lb. zu Nürnberg/ Nun frage ich/ wie vil ein Nürnbergischer Centner/ von Preßlauw biß gen Nürnberg gestehen wirdt/ so man 100. Vngerisch für 132. vnd ein an halben Rheinisch gibt/ vnnd 7. fl. am 100. gewinnen wil.

Facit 20. fl. Rheinisch/ 0. ß. 4. hlr. $\frac{243}{275}$. theil.

Machs also/ Sprich: ein stein für $2\frac{3}{8}$. Vnge. wie kommen $5\frac{1}{2}$. stein? Facit $13\frac{1}{16}$. Vnge. Darzu $1\frac{1}{2}$. Vng. werden $14\frac{9}{16}$. Vng. so viel gestehet ein Preßlischer Centner/ Rechen wie ein Nürnbergischer/ Sprich 132. lb. für $14\frac{9}{16}$ Vngerisch/ wie komen 128. lb? Facit $14\frac{4}{33}$ Vngerisch. Die mach zu Rheinischen/ werden $18\frac{469}{660}$. so thewer ohn den gewinn. Setz derhalben also/ 100. fl. geben 107. fl. was geben 18. fl. vnd $\frac{469}{660}$. theil/ Brich es/ steht also:

66000 107. Rhein. 12349

Item/ einer kaufft Pfeffer zu Nürnberg/ ihe ein lb. für 8. ß. 5. heller/ gestehet ein Nürenbergischer Centner/ biß gen Preßlaw/ ein fl. 8. ß. vnd 100. lb. von Nürenberg thun 128. lb. zu Preßlaw/ wie vil gestehet ein stein Preßlisch gewicht biß gen Preßlauw/ vnd man gibt 3. Vngerisch für 4. Rheinisch/ den Vngerischen für 84. groschen/ vnd ein groschen für 12. heller gerechnet.

Facit 6. Vngerisch fl. 9. groschen/ 7. hlr. vnd $\frac{61}{80}$ theil.

Mach es also/ Sprich/ ein lb. für 8. ß. 5. heller/ wie 100. lb? Facit mit dem fuhrlohn 43. fl. 9. ß. 8. hlr. so theuwer 128. lb. Preßlisch/ Rechen wie ein stein / Sprich / 128. lb. für 43. fl. 9. ß. 8. hlr. wie 24. lb. Facit 8. fl. 3. ß. 0. hlr. vnd drey viertheil / Darauß mach Vngerisch / Sprich / 4. geben 3. was geben 8. fl. 3. ß. 0. hlr. vnnd drey viertheil? Mach forn vnnd hinden heller / stehet also / so es gebrochen.

3840 3 7827

¶ Wollen.

Item / einer kaufft 8. Centner Wollen / den Centner für 7. fl. mehr 19. Centner / den Centner für achthalben fl. Mehr 15. Centner zu 8. fl. vnd 17. Centner zu zehenthalben fl. die verkaufft er wider / so er diese durch einander geschlagen / gewinnet 3. fl. am 100. wie hat er ein Centner geben?

Facit für 8. fl. 7. grosch. 11. d. vnd $\frac{122}{295}$ theil / den fl. für 21. grosch. vnd ein groschen für 12. d. gerechnet.

Machs also / Rechen zum ersten was jegliche Wollen in sonderheit kost / darnach summir zusamen die Centner / deßgleichen auch das Gelt / kommen 480. vnd 59. Centner / Rechen wie ein Centner durch einander / sprich / 59. Centner kosten 480. fl. was kost ein Centner.

Facit $8\frac{8}{59}$. fl. so theuwer ohn den gewinn.

Rechen wie mit dem gewinn / Sprich / 100.

fl. haupt.

fl. hauptgut geben 103. fl. hauptgut vnd gewiñ/ was geben $8\frac{8}{59}$. fl. auch hauptgut. Facit wie oben.

Item/einer kauffet 43. lb. Saffran / das lb. für 3. ß. 10. fl. mehr 58. lb. Negelin/ein lb. für 16. ß. Vnnd 75. lb. Jngwer/ ein lb. für 25. ß. die wil er wider verkauffen / vnnd 7. fl. am 100. gewinnen/wie soll er jegliches ein lb. geben?

Facit Saffran ein lb. für 3. fl. 14. ß. 10. hlr. $\frac{4}{5}$. Negelin für 17. ß. ein hlr. $\frac{11}{25}$. Vnd ein lb. Jngwer für 1. fl. 6. ß. 9. hlr. vnd wie viel gewinnet er an allen? Facit 20. fl. 6. ß. 10. hlr. $\frac{23}{25}$.

Machs also / so du wissen wilt / wie er jegkliches das lb. geben soll / Sprich / 100. fl. geben 107. fl. was gibt das Gelt / welches er für ein lb. geben/als im Saffran 3. fl. 10. ß. Deßgleichen mit den andern. Wilt du aber wissen/wie viel er an allen gewinnet / so rechen zum ersten/ was jegliches kost/vnd summir/Als dann sprich: mit 100. flor. gewinn ich 7. flor. was gewinn ich an dem Gelt/das ich angelegt hab? Machs/so kommet das facit wie oben.

Item/18. lb. Pfeffer kosten 15. fl. 13. ß. Item/ 75. lb. Jngwer kosten 65. flor. 10. ß. Vnd 36. lb. Saffran kosten 93. fl. 18. ß. Die verkauffet man wider/ gewinnet 12. fl. am 100. wie hat man jegliches ein lb. geben?

Facit Pfeffer für 19.ß. 5. heller. $\frac{53}{75}$. Jngwer für 19.ß.6. hlr. $\frac{95}{125}$. Vnd deß Saffrans ein lb. für 2.flo.18.ß. 5.hlr. $\frac{3}{25}$. Vnd der gewinn an allen ist 21.fl.0.ß.ein hlr. $\frac{11}{25}$.theil.

Machs also/ Rechen zum ersten wie theuwer jegkliches ein lb. kompt/ Als dann mache es fort nach dem jetzt gesatzten/ so kompt eins jeden Facit/wie angezeiget/ Vnd so du den gewinn aller haben wilt/ so sprich/ 100.flor. gewinnen 12.fl. was gewinnet das Gelt / welches er für den Pfeffer/Jngwer/vnd Saffran gegeben hat?

Silber vnd Goldt Rechnung.

ZVm ersten hab achtung auffs Gewicht/vnd wisse/daß ein Marck helt 16.loth/ ein loth 4. quinten/ein quinten 4.pfenning gewicht/ vnnd ein pfenning gewicht 2. hlr. gewicht. Aber in Golt machen 24.Karat ein marck/ 4.Gran ein Karat/vnd 3.grän einen gran.

¶ Silber.

Jtem/384.marck/13.loth/3.q.fein Silber/ kost ein marck 8.fl.

Facit 3078.fl.17.ß.6.hlr.

Machs

Machs also/sprich: Ein marck für 8.flor.wie komen 384.marck/13.loth/3.q.mach q.stehet:

64 8 24631

Item/einer kaufft 125.marck/3.loth/1.quint Silbers/kost ein marck 8.fl.ein halben ort.

Facit 1017.fl.5.ß.6.hlr. vnd drey zwey vñ dreyssig theil/ nach dem obgesatzten.

Machs vnd brichs/steht:

512 65.fl. 8013

Item/man kauffet 1256.marck/12.loth gekörntes/helt ein marck fein 9.loth/3.quint.vnd kost ein marck fein 8.fl.3.ß.

Facit 6241.fl.10.ß.7.hlr.vnd $\frac{29}{64}$.theil.

Machs also: Rechen zum ersten/wie viel angezeigt Silber fein macht. Sprich/ein marck helt 9.loth/3.quint.was halten 1256.marck/12.loth/forn vnnd hinden mach loth/darnach mitten quint.steht also:

16 39.q. 20108

Rechen es/kommen dir quint. die mach zu lothen/darnach loth zu marcken/werden 765.mr.13.loth/1.q.vñ ein dr.gewicht. Rechen/wie viel die am Gelt machen/Sprich:ein marck 8.flo.3.ß.wie kommen 765.marck/13.loth/ein q.ein dr.mach forn vnd hinden dr.gewicht/vnnd mitten ß.steht also:

256 163.ß. 196053

Item/

Jtem/ein stůck Silbers wigt 384. marck/13. loth/3. q. helt ein marck 7. loth. 3. q. ein dr. gewicht/vnd kost ein marck fein 7. fl. vierdthalben orth.

Facit 1479. fl. 17. ß. 4. hlr. vnd $\frac{610}{8192}$. theil.

Machs wie das jetzt erkläret außweißt. Oder auff ein andere weise/Thu im also/Sprich: ein marck helt 7. loth/3. q. ein dr. gewicht/ was halten 384. marck/13. loth/3. q? Machs gleich forn vnd hinden/in die kleinst benennung. Darnach mach mitten dr. gewicht/steht also:

64 125. dr. 24631

Multiplicir/ vnnd schreib den theiler darunder/also/ $\frac{3078875}{64}$ dr. gewicht fein. Nun sprich: ein marck fein kost $7\frac{7}{8}$ flor. was kosten $\frac{3078875}{64}$ dr. gewicht ? Mache forn dr. gewicht/gehe mit beyden brůchen darein / mitten brich es in sich/ vnd hinden setz den Zehler / lesche auß den Nenner/ steht:

131072 63. fl. 3078875

¶ Golt.

Jtem/

Item / ein marck Golts helt am strich 17. karat/vnd kost ein karat 3.fl.9.ß.

Facit 58.fl. 13.ß.

Machs also / sprich : ein karat kost 3.flor.9.ß. was kosten 17. karat? In der mitte mach schilling / stehet also:

1 69.ß. 17

Item / einer kaufft ein stück Golts / wigt 28. marck/ 12. loth/ vnd helt ein marck am strich 16. karat/kost ein karat 3.fl. anderthalben orth.

Facit 1552.fl.vnd 10.ß.

Machs also : Rechen zum ersten / wie viel es fein helt/ Darnach/wie viel das am gelt macht/ so kompt das facit/wie oben gesetzt.

Item / man kauffet ein stück Golts/ wigt 25. marck/13.loth/3.q.vnd helt ein marck 18.karat/ 3.gran / kost ein karat 3.fl.10.ß.9.hlr.

Facit 1715.fl 4.ß.0.hlr.vnd $\frac{237}{256}$ theil.

Machs also : Rechen / wie viel das stück fein am Golt helt / sprich : Ein marck helt 18. karat/ 3. gran/was halten 25.marck/13.loth/ 3.q.forn vnnd hinden mach quint/vnnd mitten die karat zu gran/steht:

64 75 1655

Multiplicir vnd diuidir/ werden Gran/darauß mache karat / kommen 484.karat/ 3.gran/ vnd $\frac{32}{64}$ theil. Rechen / wie viel sie am Gelt machen/ein karat für 3.floren / 10. schilling / 9.hlr.

mach

mach Gran/ Brichs/ vnnd mitten Heller/ steht also:

256 849 124125

Item/ 21. m̄r. 14. loth/ 3. q. vnd 3. dz. gewicht/ helt ein marck 22. karat/ 3. gran/ thut fein Golt zu 24. karat/ 20. marck/ 12. loth/ 2. q. 2. dz. 1. hlr. gewicht/ vnd $4\frac{5}{8}$. theil/ kost ein loth fein 5. fl. 5. ß. Facit 1746. fl. 9. ß. 2. hlr. vnd $\frac{125}{128}$. theil.

Mache es fein durch verkehrung der Regel/ sprich/ 24. karat geben 21. marck/ 14. loth/ 3. q. 3. dz. gewicht/ was geben 22. karat/ 3. gran/ forn vnd hinden mach gran/ vnd mitten dz. gewicht/ steht:

96 5615 91

Multiplicir vnd diuidir/ kom̄en dz. gewicht/ darauß mach q. darnach q. zu lothen/ vnnd die loth zu marcken/ kompt wie oben/ Rechen/ wie viel er darauß lößt/ sprich: Ein loth kost 5. fl. 5. ß. wie viel kosten 20. marck/ 12. loth/ ꝛc. Machs am Namen gleich/ brichs vnd machs/ steht:

1536 105 510965

¶ Vergült Silber.

Item/ 9. marck/ 8. loth/ 3. q. vergült Silber/ helt ein marck 11. loth/ 2. q. vnnd am Golt 2. q. 2. pfenning gewicht/ zu 22. karat/ ein gran/ kost ein marck fein 8. flor. 10. schilling/ vnd ein karat fein

fein Golt 3. flor. 12. ß. Tara vpn einer marck zu scheiden/ 6. ß.

Facit in einer summa 82. fl. 7. ß. 10. hlr. vnd $\frac{17789}{32768}$. theil.

Mache es also: Rechen zum ersten/ wie ein marck Silber vnd Golt zusammen kompt/ mach die 2. q. 2. dr. gewicht/ welche ein marck helt fein/ durch verkehrung/ Sprich/ 24. karat geben 2. q. 2. dr. gewicht/ was geben 22. karat/ ein Gran? Machs gleich/ vnnd mitten dr. gewicht/ steht also:

96 10 89

Rechen es/ so kommen 2. q. ein dr. gewicht/ vnd $\frac{13}{48}$. theil fein Golt/ die nimb von 11. lothen/ 2. q. welches Silber vnnd Golt durch einander ist/ so bleibet dir fein Silber 10. loth/ 3. q. 2. dr. gewicht/ vnnd $\frac{35}{48}$. Nun rechen ein jegliches in sonderheit/ zum ersten das Silber/ Sprich/ ein marck für 8. fl. 10. ß. wie 10. loth/ 3. q. 2. dr. $\frac{35}{48}$. Brichs vnd geh/ steht also:

12288 170 8387

Rechen es/ so kommen 5. fl. 16. ß. 0. hlr. $\frac{191}{512}$. theil. Nun rechen auch das Golt/ vnd setz für 1. karat $\frac{2}{3}$. loth/ Sprich/ $\frac{2}{3}$. loth für 3. fl. 12. ß. wie kommen 2. q. ein dr. gewicht $\frac{13}{18}$. theil/ schreib fornen die 2. herab/ mache darauß dr. gewicht/ vnnd gehe mit dem hindern Bruch darein/ darnach mach in der mitte ß. als dann hinden dr. gewicht/

wicht/brichs/ vnnd gehe mit den fördern 3. darein/also:

1536 72. ß. 1335

Rechen es/ so kommen 3. floren. 2. ß. 6. hlr. $\frac{15}{16}$ theil. Nun addir zusam̃en/ wie viel das Golt vnd Silber machet/ vnnd kommen 8. fl. 18. ß. 7. hlr. vnnd $\frac{159}{512}$. theil/ Nimb von solchem 6. ß. auff ein marck scheid lohn/ so bleibẽ 8. floren/ 12. ß. 7. hlr. vnd $\frac{159}{512}$. theil/ So viel kost ein marck durch einander. Nun rechen/ wie viel es durch einander kost/ Sprich: Ein marck für 8. floren/ 12. ß. 7. hlr. $\frac{159}{512}$. theil/ was kosten 9. marck/ 8. loth/ 3. quint? Vorn mach quinten/ gehe mit dem bruch darein/ darnach mache in der mitte heller/ brich es vnd mach hinden quint/ steht:

32768 1060511 611

Machs/ so kompt das facit wie oben angezeigt.

Schickung deß Tigels.

ITem/ ein Müntzmeister hat drey Post gekörntes/ helt die erste 7. loth/ 3. q. wiget 25. marck/ 8. loth/ Die ander helt 8. loth/ 2. q. wigt 48. m̃r/ 12. loth/ Vnd die dritt helt 12. loth/ 3. q. wigt 42. m̃r/ 4. loth/ Nun frag ich/ so er die obgenañten 3. Post im Tigel zusam̃en läßt/ wievil ein

ein marck halten wirdt? Machs also: Rechen zum ersten wie viel jeglichs helt/ setz.

1		7.3.		25. 8
1	marck	8. 2.	ꝗ	48. 12. loth.
1		12.3.		42. 4

Mach forn vnd hinden loth/ vnd mitten ꝗ.

16	31		408
16	34	ꝗ	780. loth.
16	51		676

Multiplicir die hindern mit den mitteln/ als dann summir zusamen / kommen 73644. die theil ab mit den hindern lothen zusamen gebracht/ als 1864. kommen dir quint. die mach zu lothen/ so hastu wie viel ein marck halten wirdt/ vnd kompt in diesem Exempel 9. loth/ 3. quint. 2. dr. gewicht/ vnd $23\frac{8}{3}$. theil. Oder rechen wie viel ein jegliche Post in sonderheit helt / summir zusamen / vnd theil ab mit den marcken in eine summa/ Summire/ so kompt es dir auch recht.

¶ Gekörnt Silber.

Item einer hat gekörnt Silber/ helt ein marck 9. loth/ wils haben zu 11. lothen/ wie viel sol er fein Silber einer marck zusetzen? thu jhm vnd setz wie hie steht.

Zum ersten / wie viel das Silber
9 16 helt / darnach gleich wie viel das
11 helt von dem man zusetzen wil/
vnnd zum dritten setz gleich dar-
under wie man es haben wil/ wie hie steht. Dar-
nach nimb das kleiner vom mittelsten / als 9.
von 11. bleiben 2. die schreib vber 16. vnd nimb
als dann 11. von 16. bleiben 5. die setz vber 9. vnd
machs forn nach der Regel Detri/ sprich/ 5. loth
bedörffen 2. loth fein/ wie viel bedarff ein marck?
Facit 6. loth/ ein q. 2. dʒ. gewicht/ vnd vier fünff
theil eines hellers gewicht.

Item ein Müntzmeister wil verschicken 38. marck/ 13. loth/ 3. q. helt fein 6. loth/ 3. q. Wil haben sol 9. loth/ 1. quint. halten/ wie viel sol er fein Silber den 38. marcken/ 13. lothen/ vnd 3. quinten zusetzen? Machs also: Besihe zum ersten wie jetzt.

Mach vberall q. vnd nimb als
6.3 16 dann eins vom andern/ wie im
9.1 nechsten gethan/ so befinden sich
10. quint. fein auff 27. quint. zu-
setzen/ Derhalben sprich 27. quint. bedörffen 10. quint. fein Silber/ was bedörffen 38. marck/ 13. loth / vnd 3. quint. Rechen es/ so kommen 14. marck/ 6. loth/ 1. q. vnd ein neun theil.

Item ein Müntzmeister wil verschicken die marck im Tigel auff 6. loth/ 3. q. hat gekörnts/

helt

helt 12. loth/ ein quint. wie viel muß er Kupffer zusetzen 20. marck/ vnd 9. lothen? Mach 6. loth/ 3. q. vnd 12. loth/ 1. quint. zu quint. setz darnach also/ vnd thu wie oben.

Als dann sprich/ 27. loth deß ge-
27 22 körnten zu 12. lothen/ ein quint.
49 0 müssen haben 22. loth zusatz/ der
27 da nichts helt/ als Kupffer/ wie
vil muß man zusetzen 20. marck/
vnd 9. lothen? Machs also/ so komen 16. marck/ 12. loth/ vnd $2\frac{2}{7}$.

Item ein Müntzmeister will verschicken 4. stück Silber/ wigt das erst 11. marck/ helt 9. loth/ das ander 15/ marck. helt 7. loth/ das dritt wigt 24. marck/ helt 10. loth/ vnd das vierdt wigt 136. marck/ helt 14. loth/ wil haben müntz der ein marck 15. loth halten sol/ Wie viel sol er fein silber zusetzen? Facit 442. marck/ so viel fein Golt sol er zusetzen. Machs also: Rechen wie viel gemeldte 4. stück fein haben/ komen 2348. loth/ die nimb von den mr zusamen summirt/ bleiben 628. loth Kupffer/ Sprich fort/ ein loth kupffer wil haben 15. loth fein/ wie viel 628. loth? Facit 9420. loth/ Daruon nim̃ 2348. loth/ die vorhin vorhãden sind/ bleibẽ 7072. loth/ darauß mach marck/ kompt wie oben zuzusetzen/ Vnd also der gleichẽ. Wiewol mehr von solchen zusetzen wer/ hab ich dasselbig vm̃ kürtz willen der zeit nachgelassen.

Vom Müntzschlag.

Item man müntzet 21. groschen für ein flor. 16. auff ein loth / vnd helt die marck fein 9. loth/ wie hoch wirdt ein marck fein gerechnet? Facit für 8. fl. 2. groschen/ vnd $\frac{2}{3}$. Machs also: Rechen wie viel groschen auff ein marck gehen/ Sprich/ ein loth gibt 6. groschen/ was geben 16. loth? Facit 96. groschen/ die halten 9. loth fein/ Sprich derhalben fort/ 9. loth fein geben 96. groschen / was geben 16. loth fein? Multiplicir vnd diuidir/ kommen groschen/ die mach zu fl. mit 21. so kompt das facit wie oben.

Item man müntzt 7. groschen für ein fl. vnd 7. auff 2. loth/ helt ein marck fein 14. loth/ wie hoch kommet ein marck fein auß? Facit für 9. fl.

vnd

vnd $\frac{1}{7}$. Machs wie das nehest/ Rechen zum ersten wie viel auff ein marck. Sprich: 2. loth geben 7. was 16? Facit 56. Darnach sprich/ 14. loth fein/ geben 56. groschen/ was geben 16. loth? Facit wie oben.

Item ein Müntzmeister müntzet 6. groschen auff ein loth/ halten 10. loth fein/ rechen die Marck fein für 8. fl. ein ort/ wie viel sol man der groschen für ein fl. nemen? Facit $18\frac{3}{5}\frac{4}{5}$. Machs also: Sprich/ ein loth gibt 6. groschen/ was geben 16. loth? Facit 96. groschen. Nun sprich: 10. loth fein/ geben 96. groschen / wie viel 16. loth? Facit $153\frac{3}{5}$. groschen / die machen 8. fl. ein ort. Rechen wie viel ein fl. sprich $8\frac{1}{4}$. geben $153\frac{3}{5}$. groschen/ was gibt ein fl? Machs / so kompt das facit/ wie oben.

Item 36. dl. gehn auff ein loth/ helt die marck 4. loth/ 2. qu. vnd wirdt ein marck fein gerechent für 8. fl. $\frac{8}{63}$. wie viel dl. sol man für ein fl. nemen? Facit 252. dl. Machs also: sprich/ ein loth gibt 36. dl. was geben 16. loth? Facit 576. dl. Sprich fort/ 4. loth/ 2. qu. fein/ geben 576. dl. was geben 16. loth? Facit 2048. dl. die machen 8. fl. vnd $\frac{8}{63}$. Rechen wie viel für ein fl. wie im nechsten gethan / so kompt das facit/ wie angezeigt 252. dl.

Item man müntzt 56. groschen für ein fl. 16. auff ein loth/ die marck fein gerechnet für 8. fl.

einen halben/wie viel muß ein marck müntz fein halten? Facit 8. loth vnd $\frac{72}{119}$. Machs also/ sprich / ein loth gibt 16. groschen/was geben 16. loth? Facit 256. vnd sprich fort/ 8. fl. vnd ein halber geben 16. loth fein/was geben 256? Brich es vorn in sich/mache groschen / vnd gehe ins hinder/ steht also:

952	16. loth.	512

Item man müntzet 35. groschen für ein fl. 9. auffs loth/ die marck fein gerechnet fur 8. fl. einen ort/ wie viel helt die müntz fein? Facit 7. loth/ 3. q. 3. dl. gewicht/ ein heller gewicht/ vnd $\frac{129}{335}$. theil/machs wie das nehest/ so kompt dir das facit.

Item ein Herr wil müntzen 20. groschen für ein fl. vnd 8. dl. ein groschen/ sollen 88. gro. ein marck haben/ die marck fein gerechnet für achthalben fl. dem Müntzmeister / vnd dem Herrn einen halben fl. von einer marck müntz/wie viel sol ein marck fein halten? Facit 8. loth/ vnd $\frac{8}{25}$. theil. Machs also: Nimb ein halben fl. als 10. gro. von den groschen/die ein marck wigen/ bleiben 78. Sprich/ achthalber fl. geben 16. loth/ was geben 78. groschen? Brich es/ gehe vnd mach forn groschen/ steht also:

300	16	156

Von

Von Gesellschafften vnd Theilungen.

JTem jr drey machen ein Gesellschafft also/ der erste legt 123. fl. Der ander 536. Vnnd der dritt 141. haben gewunnen 130. fl. wie viel gebürt jeglichem? Facit dem ersten vom gewinn 19. fl. 19. ß. 9. hlr. Dem andern 87. fl. 2. ß. Vñ dem dritten 22. fl. 18. ß. 3. hlr. Machs also: Setz hinden wie viel ein jeder in sonderheit gelegt hat/ summir solches/ vnd was da kompt schreib forn/ ist dein theiler/ vnd den gewinn mitten/ also:

800	130. fl.	{ 123 536 141

Rechen einen nach dem andern/ so kompt einem jeden sein facit/ wie oben bestimpt.

Jtem drey machen ein gesellschafft/ also/ der erst legt 20. fl. 4. Monat. Der ander 24. fl. 3. Monat. Vnd der dritt 40. fl. ein Monat / haben 101. flor. gewunnen/ wie viel gebürt jeglichem? Facit dem ersten 42. flor. ein ß. 8. hlr. Dem andern 37. fl. 17. ß. 6. hlr. Vnd dem dritten 21. flor. 10. hlr. Machs also/ Multiplicir jeglichs Gelt mit seiner zeit/ summir/ wirdt dein theiler/ vnd setz darnach in massen/ wie du oben gethan hast/ steht also:

$$192 \qquad 101.\text{fl.} \quad \begin{cases} 80 \\ 72 \\ 40 \end{cases}$$

Jtem jhr drey kauffen ein Thonne mit Hering/ helt 1300. Hering/ kost 7. fl. vierdthalben ort/ der erste wil nemen $\frac{1}{3}$. der ander $\frac{1}{4}$. vnd der dritt $\frac{1}{7}$. wie viel gebüren jeglichem Hering? Facit dem ersten $596\frac{14}{61}$. dem andern $447\frac{33}{61}$. vnd dem dritten $255\frac{45}{61}$. theil eins Herings/ vnd wie viel muß jeder für sein Hering geben? Facit der erste 3. flor. 12. ß. 3. hlr. $\frac{33}{61}$. Der ander 2. fl. 14. ß. 2. hlr. $\frac{40}{61}$. vnd der dritt ein fl. 10. ß. 11. hlr. vnd $\frac{42}{61}$. theil. Machs also: Such ein zahl darinnen die theil vorhanden seind/ als $\frac{1}{3}$/$\frac{1}{4}$/$\frac{1}{7}$. Multiplicir die vndern mit einander/ kommen 84. theile ab in 3. in 4. vnd 7. Setz hinden/ vnd die Hering mitten/ also:

61 1300. Hering. { 28 / 21 / 12

Wiltu nun haben wie viel ein jeglicher für sein Hering geben sol/so lesche die Hering in der mitte auß/schreib dar für was sie kosten/als 7.fl. $\frac{7}{8}$.Brichs/vnd gehe ins förder/ also:

488 63.fl. { 28 / 21 / 12

Item drey Knapseck lassen jhn kauffen ein sack mit Pfeffer/ wiget zu Nürenberg 204. lb. tara dritthalb lb. kost ein lb. 6. ß. 9. hlr. gestehet mit fuhrlohn biß gen Leipzig 2.fl. 10.ß. vnd 10. lb. von Nürenberg thun 11. lb. zu Leipzig/ allda theilen sie den Pfeffer / vnd bezahlen jhn mit Müntze/21. groschen für 20.ß. gerechnet/ Der erste wil nemen $\frac{1}{3}$. der ander $\frac{1}{5}$. der dritt $\frac{1}{9}$. wie viel gebürt jeglichem vom Pfeffer? Facit dem ersten 114.lb.20.loth/$\frac{20}{29}$.theil. Dem andern 68. lb.25.loth/$\frac{31}{145}$. Vnd dem dritten 38.lb.6.loth/ $\frac{26}{29}$. Vnd wie viel gebürt jeglichem zu geben? Facit der erste 36. floren / 9. groschen/ 10. pfenning / vnd ein viertheil eines hellers. Der ander 21.fl. 18.grosch.6.pfenning/vnd drey zwentzig theil eines hellers. Vnd der dritte 12. fl. 3. gro.3.dl.vnd $\frac{3}{4}$. von eim heller: Machs also: Rechen zum ersten wie viel der Pfeffer kost/ addir darzu das fuhrlohn / kommen 70. fl. 10. ß. ein heller / ein zweytheil / Resoluir in Müntz / werden 70. fl. 10. groschen / 7. dl. $\frac{23}{40}$. theil / darnach mach das Nürenbergische gewicht zu Leiptzigschen / werden 221$\frac{13}{20}$. pfundt / vnd such die zahl darinnen die theil seind / als $\frac{1}{3}$ / $\frac{1}{5}$ / $\frac{1}{9}$. Multiplicir 5. mit 9. dann 9. beschleußt in sich die 3. kommen 45. theil ab mit 3. 5. vnd 9. werden 15. 9. vnd 5. setz hinden / mitten die Leiptzigschen lb. brichs vnd gehe / steht also:

580	4433. lb.	{ 15 / 9 / 5

So du nun gerechnet hast / vnd funden wie viel jeglichem lb. worden / vnd haben wilt jegliches bezahlung / so schreib in die mitte das gelt / mach dl. Brichs vnd gehe / steht also:

1160	710703. dl.	{ 15 / 9 / 5

Item an einem Tantz sind 546. Personen / nemlich $\frac{1}{3}$. junge Gesellen / $\frac{1}{4}$. Bürger / $\frac{1}{6}$. Edelleut / $\frac{1}{8}$. Bauwren / vnd $\frac{3}{4}$. Jungfrauwen / wie vil sind jegliches geschlechts in sonderheit / darzu wie viel jeglicher parth allweg feyern / dann der Jungfrauwen nit so viel vorhanden als der andern Personen / in Summa gegenwertig / Machs / setz also: $\frac{1}{3}$ / $\frac{1}{4}$ / $\frac{1}{6}$ / $\frac{1}{8}$ / $\frac{3}{4}$. Such ein zahl darinnen die theil vorhanden/ multiplicir 6. mit 8. dann 6. behelt in sich 3. vnd 8. in sich 4. werden 48. daruon nim̃ jeglichen theil/ vnd setz darnach wie in vorgeschribenen gethan/ steht also:

78	546. Person	16 12 8 6 36

Rechen es/ so kommen 112. junge Gesellen/ 48. Bürger/ 56. Edelleut/ 42. Bauwern/ vnd 252. Jungfrauwen. Wiltu aber haben wie viel jeglichs geschlechts allweg feyren müssen/ so addir zusamen/ Geselln/ Bürger/ Bauwern/ Edelleuth/ vnd nimb ab die Jungfrauwen/ bleiben 42. Setz als dann wie hie:

In 7	42	42. Person		16 12 8 6 0
In 6	6	6		
	1	1		

Facit 16. jung Gesellen/ 12. Bürger/ 8. Edelleuth/ vnd 6. Bauwern/ Also dergleichen.

¶ Item drey kauffen ein Gut für 360. fl. der erst zahlt $\frac{2}{3}$. der ander $\frac{3}{5}$. vnd der dritt $\frac{2}{7}$. wie viel gebürt jeglichem? Facit dem ersten 154. fl. $\frac{98}{163}$. dem andern 139 $\frac{23}{163}$. vnd dem dritten 66 $\frac{42}{163}$. fl.

Machs

Machs also/ such ein zahl darinnen die theil vorhanden/ vnd ist 105. multiplicir mit 2. vnd theil ab mit 3. werden 70. deßgleichen mit den andern Brüchen/ steht darnach also:

163	360. fl.	{ 70 63 30 }

Item ein Vatter ligt im Todtbeth/ verlasset sein Haußfrauw mit einem Son/ vnd zweyen Töchtern/ Ist sein letzster wille/ daß der Son zweymal so viel als die Mutter/ vnd die Mutter zweymal so viel als jede Tochter empfahe/ vnd deß gelts ist ein summa 3600. fl. Facit dem Son 1800. der Mutter 900. vnd jeglicher Tochter 450. fl. Setz also:

8	3600	{ 4 2 1 1 }

Item drey machen ein gesellschafft/ also/ der erst legt 80. fl. 9. Monat. Der ander einen hauffen gelts 12. Monat. Der dritt auch ein hauffen gelts siben Monat/ haben gewunnen mit hauptgut vnd gewinn 1280. fl. Dem ersten gebürn 120. fl. Dem andern 570. fl. Vnd dem dritten 590. fl. Die frag wie viel der ander vnnd dritt gelegt haben? Machs also: Nimb 80. fl. deß ersten hauptgut/ von 100. vnnd zwentzig

fl. hauptfl. hauptgut vnd gewinn/ bleiben 40. fl. gewinn/ Sprich: 9. Monat geben 40. fl. gewinn / was geben 12. Monat? Facit 53. vnd ein drittheil. Darzu addir deß ersten hauptgut/ werden $133\frac{1}{3}$. Sprich $133\frac{1}{3}$. fl. hauptgut vnd gewinn geben 80. fl. hauptgut / was geben 570. fl. deß andern? Facit 342. fl. Deßgleichen such auch deß dritten hauptgut/ kommen dir 424. vnd $\frac{4}{5}$. theil.

Item drey machen ein gesellschafft/ 90. flor. legt der erst 7. Monat. Der ander 30. marck Silber 5. Monat. Vnd der dritt 17. fuder wein 9. Monat / haben 680. fl. gewunnen. Dem ersten gebüren 120. Dem andern 230. Vnd dem dritten 330. Nun frag ich wie viel das Silber ist werth gewesen? Facit 241. fl. vnd ein halben/ Deßgleichen auch der Wein. Facit 192. fl. vnd einen halben. Machs also: Multiplicir deß ersten hauptgut mit seinem Monat / als 90. mit 7. kommen 630. Sprich derhalben 120. fl. gewinn geben 630. fl. hauptgut vnd Monat / was geben 230. fl? Facit $1207\frac{1}{2}$. flor. hauptgut vnd Monat / die theil in die Monat deß andern / als 5. kommen 241. flor. vnd ein halber / wie oben/ Deßgleichen mit dem Wein / das ist / dem dritten.

Item drey machen ein gesellschafft/ der erste legt 43. flor. Der ander ein anzahl Gelts/ Vnd

der

der dritt ein fuder Weins / gewinnen 60. fl. Dem ersten gebürt ein drittheil / dem andern ein viertheil / vnd dem dritten ein fünfftheil. Facit dem ersten vom gewinn 25. fl. $\frac{25}{47}$. Dem andern 19 $\frac{7}{47}$. Vnd dem dritten 15 $\frac{15}{47}$. fl. Auch wie viel hat der ander gelegt? Facit 32. fl. $\frac{1}{4}$. vnd wie viel ist das fuder Weins werth gewesen? Facit 25 $\frac{4}{5}$. fl. Machs also: Such zum ersten ein zahl / darinnen die theil sind / nimb die / vnnd setz den gewinn mitten / also:

47	60. fl.	{ 20 15 12

Machs / so kompt einem jeglichen sein gewinn / wiltu darnach deß andern hauptgut wissen / so sprich: Deß ersten gewinn / gibt 43. floren hauptgut / was gibt deß andern gewinn / deßgleichen auch mit dem Wein / Vnd wöllest also mit gesatzten gesellschafften vor lieb nemmen.

Vom

Vom Stich.

Item einer hat Wachs / das wil er verstech-en vmb Ingwer / gilt ein stein Wachs 2. fl. weniger ein halb ort / den setzt der erst am stich / fůr 2. fl. ein ort. Der ander gibt ein stein In-gwer fůr 8. fl. ein ort / bar gelt. Wie hoch soll er den am stich setzen? Machs also / Sprich: $1\frac{7}{8}$. fl. bargelt / geben am stich $2\frac{1}{4}$. fl. was geben 8. fl. $\frac{1}{4}$. bargelt / so viel ein stein Ingwer gilt? Rechen es / so kommen 9. Gůlden / 18. ß. Nun hat der erste zu verstechen $258\frac{2}{3}$. stein Wachs / wie viel muß jhm der ander Ingwer vberliffern? Thu jm also: Rechen zum ersten wie viel das Wachs am baren gelt machet / Sprich: ein stein fůr ein gůlden / $\frac{7}{8}$. wie kom̃en 258. stein vnd $\frac{2}{3}$? Rechen es / werden 485. fl. fůr so viel gůlden muß der ander Ingwer haben / Sprich: 8. fl. ein ort / geben

geben ein stein Jngwer / was geben 485. floren? Facit 58. stein / 17. lb. vnd $\frac{1}{3}$.

¶ Jtem jhr zween wöllen mit einander stechen / einer hat Seiden / gilt ein lb. 2. flor. 8. groschen. Der ander Sammat / gilt ein stück 18. fl. 11. groschen / wie viel pfundt Seiden muß der erst dem andern für 23$\frac{1}{2}$. stück Sammat geben? Facit 182. lb. 26. loth / 2. quintlein / vnd 2$\frac{6}{7}$. theil / Vnd den fl. gerechnet für 21. groschen. Machs also / Rechen zum ersten / wie viel der Sammat macht / Sprich: ein stück für 18. fl. 11. groschen / wie kommen 23. stück / vnd ein halbes? Facit 435. fl. 6. groschen / vnd ein halben. Nun sprich fort: 2. fl. 8. groschen / geben ein pfundt Seiden / was geben 435. fl. 6. groschen / vnd ein halber? Rechen es / so kompt das facit wie oben vermeldet.

Jtem zween wöllen mit einander stechen / deß ersten Wahr gilt bar 8. flor. die setzet er am stich / für 11. fl. Der ander setzet sein Wahr am stich 4. fl. höher dann er sie an barem Gelt gibt / vnd ist dem ersten gleich am stich / Wie hat er sein Wahr bar geben? Facit für 10. flor. zwey drittheil. Machs also: Nimb 8. fl. deß ersten bar gelt von 11. fl. am stich / bleiben 3. Sprich: 3. fl. geben 8. fl. bargelt / was geben 4. fl. die der ander vbersatzt hat? Machs / so kompt das facit wie oben angezeigt.

Jtem /

Item / einer hat Zin / das wil er verstechen vmb Bley / kost ein Centner Zin bar 17.flo.den setzet der erste für 20. flor. Der ander gibt einen Centner Bley für 3. fl. vnnd am stich für 4.flo. Nun ist die frag/ so jeder für 100.flo. Wahr am stich hat / wie hoch einer den andern vbersetzet hat? Facit der mit dem Bley/ den andern mit dem Zin/am 100.vmb 10.floren. Machs also/ Sprich 20.fl.am stich/ geben 17.bar/ was 4.fl? Facit 3.flo.vnd $\frac{2}{5}$.solten 3.fl.seyn/ Also wirdt der mit dem Zin an 4.flo.im stich vberstochen/vmb $\frac{2}{5}$. eins fl.

Wilt du wissen / wie viel am 100.im stich/so sprich:4.fl.geben $\frac{2}{5}$. eins fl. was geben 100? Facit wie oben. Das probir also/Rechen wie vil jeglichs 100.fl.Wahr am stich bar Gelt bring/ kompt dem ersten 85. vnd dem andern 75. Ist 10.flor. weniger am baren Gelt / vnnd also dergleichen.

Item/zween wöllen mit einander stechen / einer hat Tuch/der ander Wollen / kosten 3. Eln Tuch ein fl. bar / die setzet der erst am stich für ein fl. ein orth / wil den dritten theil bar Gelt haben. Der ander gibt ein Cent. Wollen bar vmb 7. fl. wie hoch sol er die setzen? Facit für 10.fl. Machs also/besihe/wie viel $\frac{1}{3}$.vom stich/ als $1\frac{1}{4}$. flor. sey. Facit $\frac{5}{12}$.die nimb von 1.fl.bar/ vnd $1\frac{1}{4}$.am stich bleiben $\frac{7}{12}$.bar/vñ $\frac{5}{6}$.am stich /Sprich: $\frac{7}{12}$.fl.bar

H Gelt/

Gelt/geben $\frac{5}{6}$. fl. am stich/ was geben 7. fl? Facit 10. am stich/ wie oben berůhrt. Nun hat der erste zu verstechen 126. Elen / wie viel muß der ander Wollen haben ? Machs also/ Rechen wie viel die 126. Elen am stich machen / Sprich 3. Elen fůr 1 fl. ein ort/ wie kommen 126. eln? Facit $52\frac{1}{2}$. darvon nimb den drittheil / welchen der ander mit Gelt vernůgt/ als $17\frac{1}{2}$. fl. bleiben 35. fl. fůr so viel flor. am stich/ sol jhm der ander Wollen geben/ das weren vierdthalben Centner.

Das probir also/ Rechen wie viel die 126. eln am baren Gelt machen/ kommen 42. flo. so viel werden auch machen vierdthalbe Centn. Wollen/ vnnd die 17. fl. welche der mit der Wollen bar vbergibt.

Vnd also mach alle andere dergleichen/ wiewol etlich frag vom stich mehr vorhanden gewesen/ zusetzen vnnd erklären/ hat es je die zeit nicht dulden wöllen / derhalben wöllest mit solchem vor gut nem̃en / vnd zum beschluß dises Bůchlins folgende Regel mit fleiß mercken.

Regula Falsi oder Position.

WIrdt gesatzt von zweyen falschen zahlen/ welche der auffgab nach / mit fleiß examinirt

nirt sollen werden / in massen das fragstück begeren ist/sagen sie der warheit zu viel / so bezeichne sie mit dem zeichen + plus / wo aber zu wenig / so beschreib sie mit dem zeichen — minus genandt. Als dann nimb ein lůgen von der andern/was da bleibt/ behalt für den theiler / multiplicir darnach im Creutz ein falsche zahl mit der andern lůgen/nimb eins vom andern/ vnnd das da bleibt theil ab mit fürgemachtem theiler/ so kompt berichtung der frag. Leugt aber ein falsche zahl zu viel/ vnnd die ander zu wenig / so addir zusammen die zwo lůgen / was da kompt / ist dein theiler. Darnach multiplicir im Creutz/addir zusammen vnnd theil ab / so geschicht aufflösung der frag/als folgendt Exempel gründtlich erleutert werden.

Item/einer spricht: Gott grůß euch Gesellen alle dreyssig. Antwort einer/wann vnser noch so viel vnd halb so viel weren/ so weren vnser dreyssig. Die frag/wie vil jhr gewesen? Mach es also: Nimb für dich ein zahl / die in halb getheilt mag werden/ als 16. Examinir die / sprich / 16. aber 16. vnnd halb 16. als acht/ machen in einer summa 40. solten 30. seyn / leugt zu viel 10. Setz derhalben jhr sind 14. gewesen / sprich / 14. aber 14 vnd 7. macht zusamen 35. leugt zu vil 5. vnd steht also:

16	+	10	
			5
14	+	5	

Nimb 5. von 10. bleiben 5. der theiler / darnach multiplicir im Creutz / nimb eins vom andern / vnd theil ab / so kommen 12. so viel sind der Gesellen gewesen.

Item / ein Sohn fragt seinen Vatter / wie alt er sey / Der Vatter antwort jhm / sprechende: Wann du werest noch so alt / halb so alt / ein viertheil so alt / vnnd ein Jar älter / so werest du gerad 100. Jar alt. Die frag / wie alt der Sohn sey? Machs also: Nimb für dich zwo zahlen / die halb / vnnd viertheil in sich begreiffen / als 40. vnd 48. Examinir dieselbigen der auffgab nach / als die 40. also / Sprich: 40. aber 40. halb 40. sind 20. der viertheil sind 10. vnd ein Jar mehr / machen in summa 111. Jar / darvon nimb die 100. Jar / bleiben 11. Jar plus / Deßgleichen Examinir auch die 48. so stehet es also:

40	+	11	
			22
48	+	33	

Rechen es / so kommen 36. Jar / so alt ist der Sohn.

Item / einer findet in seines Vatters Buch gerechnet / der jhm schuldig ist blieben / also lautendt / 4. Eln Tuchs für 5. gülden / wie kommen

21. Eln?

21. Eln? Facit 26. fl. 6. gro. vnd 9. dl. Nun wolt ich gern wissen/ wie der floren gerechnet sey/ vnd ein grosch gilt 12. dl. Mache es also / Sprich: 4. Eln vmb 5. fl. wie 21. Elen? Rechen den fl. für 30. gro. Facit 26. fl. 7. groschen/ 6. dl. solten 26. fl. 6. gro. 9. dl. seyn/ leugt zu viel 9. pfenning. Rechen den fl. für 40. grosch. Examinir/ kommen zu viel 3. groschen / 3. dl. als 39. dl. vnd steht also:

30 + 9
30
40 + 39

Vollführe es / so kommen 27. groschen / so hoch ist der fl. gerechnet/ Also dergleichen.

Item / einer hat etlich Gelt / legt das an / gewinnet so viel darmit/ verzehret ein fl. das vberig leget er abermals an / gewinnet so viel darmit/ verzehret zween fl. vnnd das er behelt / leget er an zum dritten mal / ge[illegible]net auch so viel darmit/ vnnd verzehret drey fl. behelt 10. fl. Wie viel hat er zum ersten gehabt? Machs also/ Setz/ er habe gehabt 3. fl. Examinir die also / Sprich; Zweymal 3. machen 6. davon nim 1. bleibē 5. Duplir/ komen 10. darvon nim 2. fl. bleiben 8. die duplir auch/ werden 16. darvon nimb 3. bleiben 13. solten 10. seyn/ leugt zu vil 3. Setze derhalben 4. examinir die/ wie jetzt gethan/ steht:

3 + 3

8

4 + 11

Rechen es / so kommen 2. flor. $\frac{5}{8}$. so viel hat er zum ersten Gelts gehabt / oder zu jhm genommen.

Item / einer hat Gelt / verspilt darvon $\frac{1}{3}$. verzehrt vom vbrigen 4. fl. mit dem andern handelt er / verleuret ein viertheil / vnnd behelt 20. fl. wie viel hat er zum ersten außgeführet? Mach es also / Setz / er habe außgeführt 12. fl. nimb darvon ein drittheil / als 4. fl. vnd die vier die er verzehrt / bleiben 4. fl. Von solchem nimb $\frac{1}{4}$. bleiben 3. solten 20. fl. seyn / leugt zu wenig 17. fl. Setz derhalben 24. vnd examinir die / wie jetzt gethan / steht also:

12 —— 17

6

24 —— 11

Vollführe es / so kommen 46. fl. so viel hat er gehabt.

Item / einer hat Gelt / gewiñt darmit ein drittheil / legt solchs an / gewinnet mit hauptgut vnd gewinn ein viertheil / bringt zu wegen 30. fl. wie viel hat er zum ersten gehabt? Mache es also / Nimb für dich ein zahl / die in drey getheilt mag werden / als 6. Sprich / ein drittheil von 6. sind zwey / die addir zu 6. kommen acht / darvon nimb ein viertheil / als zwey / vnnd gib die zu acht / werden

den

den 10. solten 30. seyn / leugt zu wenig 20. Setz derhalben er hab 12. gehabt / Examinir die auch / leugt zu wenig 10. vnd steht also:

6	—— 20	
		10
12	—— 10	

Machs wie vorgethan / so kommen 18. fl.

Item / ein Kauffmann zeucht hinweg mit gelt / gewinnt ein drittheil seines hauptguts / vnd 4. flo. mehr / legt an Hauptgut vnd gewinn / gewinnt den vierdten theil / bringet zusammen 40. fl. wie viel hat er zum ersten außgeführt? Setz 6. fl. darzu addir ein drittheil / vnd 4. fl. als 6. werden 12. darvon sind 3. ein viertheil / die addir zu 12. kommen 15. solten 40. seyn / leugt zu wenig 25. flo. Setz derhalben er hab außgeführet 12. flo. Examinir wie jetzt gethan / steht also:

6	—— 25	
		10
12	—— 15	

Machs / so kommen 21. fl. so viel hat er außgeführt.

Item / einer zeucht ghen der Naumburg / kaufft Fisch / werden jhm ein $\frac{1}{3}$. gestolen / verleurt $\frac{1}{4}$. an den Fischen / vnd löset acht Gülden / wie vil hat er zum ersten Gelts gehabt? Setz zwölff flor. Sprich $\frac{1}{3}$. von 12. sind 4. nun nimb auch $\frac{1}{4}$. von

12. seind 3. die addir zu 4. werden 7. die nimb von 12. bleiben 5. solten 8. seyn / leugt minus 3. Setz derhalben/ er hab 24. fl. gehabt/ Examinir/ steht also:

12	——	3	
			5
24	+	2	

Rechen es/ so kommen 13. flor. vnnd $\frac{1}{5}$. so viel hat er mit jhm außgeführt.

Item/ einer fragt wie alt er sey/ man antwort jhm / Wann er noch so alt / halb so alt der samlung/ vnd ein viertheil der Jar aller were/ so were er hundert Jar alt. Die frag/ wie alt er sey. Machs also: Setz er sey alt 16. Jar / noch so alt were auch 16. halb der samlung were auch 16. vnnd ein viertheil der Jar aller were 12. Jar/ die jar all zusammen machē 60. leugt zu wenig 40. Setz derhalhen 20. Jar/ Examinir/ steht also:

16	——	40	
			15
20	——	25	

Machs/ so kommen 26. Jar/ vnd $\frac{2}{3}$.

Item/ einer dinget einen Arbeyter 30. Tag/ wenn er arbeyt / so gibt er jhm siben Pfenning/ So er aber feyret / rechnet er jhm ab fünff dr. vnnd da die dreyssig Tag verschienen sind / ist keiner dem andern schuldig blieben. Die frag/ wie viel Tag er gearbeyt/ vnd auch wie viel Tag

er geer gefeyert hab. Machs also: Setz/ er hab 15. Tag gearbeyt/ vnd 15. gefeyert. Multiplicir 15. mit 7. vnd 15. mit 5. kommen 105. vnnd 75. nimb eins vom andern / bleiben 30. so viel zu wenig. Setz derhalben 10. Tag gearbeyt / vnnd 20. gefeyret/ Examinir/ wie jetzt / steht also:

15	——	30	
			60
10	+	30	

Machs / so kommen $12\frac{1}{2}$. tags / so viel hat er gearbeyt/ die nimb von 30. Tagen/ bleiben $17\frac{1}{2}$. Tag/ so viel hat er gefeyret.

Item/ einer hat Gelt / legt das an / gewinnet 4. flo. legt es an zum andern mal / gewinnet den halben theil Hauptgut/ vnd gewins/ darzu 5. fl. mehr. Zum dritten/ legt er es an/ vnd gewinnet den vierdten theil der gantzen summa/ bringet zu wegen 70. fl. Die frag/ wie viel er zum ersten gehabt habe. Machs also: Setz/ er hab gehabt 6. fl. addir 4. kommen 10. addir den halben theil/ vnd 5. mehr/ werden 20. darvon $\frac{1}{4}$. seind 5. die gib zu 20. kommen 25. solten 70. seyn / leugt zu wenig 45. Setz derhalben 12. vnd Examinir die auch/ steht also:

6	——	45
12	——	$33\frac{3}{4}$.

Mach die lügen zu theilen / steht wie hie:

6	——	180	
			45
12	——	135	

Rechen es / so kommen 30. fl. so viel hat er gehabt.

Item / gib mir ein zahl / so ich derselben $\frac{5}{6}$. hinweg nimb / zum vberbleibenden ein viertheil der ersten zahl / addir daß 7. kommen / Setz die zahl sey 24. nimb darvon $\frac{5}{6}$. als 20. bleiben 4. vnnd addir darzu ein viertheil der ersten zahl / als 6. werden 10. solten 7. seyn / leugt zu viel 3. Setz derhalben die zahl sey 12. Examinir wie jetzt / stehet also:

24	+	3	
			5
12	——	2	

Machs / so kommen 16. vnd $\frac{4}{5}$.

Item / zween wöllen ein Pferdt kauffen / Als A. vnd B. für 15. fl. Spricht A. zum B. gib mir deines Gelts ein drittheil / so wil ich meins darzu thun / vnnd das Pferdt bezahlen. Spricht B. zum A. gib mir von deinem Gelt ein viertheil / so wil ich mit meinem gelt hinzu gethan das pferdt bezahlen. Nun frage ich / wie viel jegklicher in sonderheit Gelts hab? Setze dem A. zwölff Gülden / gebrechen jhm an der bezahlung 3. fl. welche den dritten theil vom B. machen / also muß

B.9.haben. Examinir die also / Sprich: der drittheil von B.sind 3.zu 12.deß A.addirt/kommen 15.bezahlung deß Pferdts / Nun wil B. vom A.den vierdten theil haben/ als 3.flor.addir 3.zu 9.werden 12: leugt zu wenig 3. Setz derhalben A.hab 8.muß B.21.habē. Examinir auch/ leugt zu viel 8.vnd steht also:

A.	B.		
12	9	—	3
			11
8	21	+	8

Rechen dem A.sein gelt zum ersten/kommen 10.flor.vnnd $\frac{10}{11}$.theil/ darnach dem B.werden 12 $\frac{3}{11}$.fl.

Item/zween wöllen ein Hauß für 39.fl.kauffen. A.wil vom B.$\frac{2}{3}$.vnnd B.vom A.$\frac{3}{4}$.haben/ Die frag / wie viel ein jeder in sonderheit gehabt hab? Setz A.hab 36.flor.gehabt/also gebrechen jhm 3.an der bezahlung / welche zwey drittheil vom B. Gelt machen. Such derhalben den gantzen theil deß B. Sprich / 2.gibt 3. was geben 3? Facit 4.vnnd $\frac{1}{2}$. Examinir also/ Sprich: zwey drittheil vom B. seind 3.gib zum A. werden 39. Nun sprich: drey viertheil vom A. sind 27.die gib zum B.werden 31.flo. ein zwey theil/ leugt zu wenig 7.fl. ein zwey theil. Setz derhalben A.hab 32.muß B.10. Gülden vnd ein zwey theil

theil haben. Examinir wie jetzt geschehen/stehet also:

A	B		
36	$4\frac{1}{2}$	——	$7\frac{1}{2}$
32	$10\frac{1}{2}$	——	$4\frac{1}{2}$

Rechen zum ersten dem A. sein Gelt/ mach die lügen zu theilen/ steht also:

36	——	15	
			6
32	——	9	

Vollführe es/so kommen 26.fl. dem A. so die von 39. genommen werden/ bleiben 13. welche $\frac{2}{3}$. von B. gelt machen. Derhalben sprich: 2. geben 13. was geben 3? Facit 19.fl. vnd ein halben. Oder mache es auch nach der Regel/ setz die falschen zahlen dem B. zugehörig/ brich die in sich/ vnd gehe in theiler/ steht also:

9	——	15	
			12
21	——	9	

Machs/ so kompt das facit auch/ wie oben verzeichnet.

Item/ A. spricht zum B. gib mir ein dl. so hab ich so viel als du behaltest. Antwort das B. gib mir ein dl. so habe ich dreymal so viel/ als du behaltest. Nun frag ich/ wie vil ein jeglicher hab? Setz A. habe 5. dl. so muß B. 7. haben/ dann so A. einen empfahet/ so hat jegklicher sechs/ empfahet yfahet aber B. vom A. ein dr. so kompt dem B. 8. vnd A. behelt 4. Nun sol B. dreymal so viel haben / als das A. als 12. dr. leuget zu wenig 4. Setz derhalben A. habe 4. muß B. 6. haben / Examinir wie jetzt / steht:

A.	B.		
5	7	——	4
			2
4	6	——	2

Rechen einem nach dem andern / so kommen dem A. 3. dr. vnd dem B. 5.

Item / drey Gesellen wöllen ein Hauß kauffen für 200. fl. Der erste gibt 3. mal mehr dann der ander / vnnd der ander 4. mal mehr dann der dritt. Die frag / wie viel ein jegklicher an der bezahlung geben sol? Setz der dritt gebe 10. muß der ander 40. vnd der erst 120. geben. Summir zusamen / werden 170. leugt zu wenig 30. Setz derhalben dem dritten 15. vnnd examinir / leugt zu vil 55. steht also:

10	minus	30	
			85
15	plus	55	

Machs / kommen dem dritten $11\frac{13}{17}$. fl. multiplicir mit 4. werden $47\frac{1}{17}$. dem andern / die multiplicir mit 3. kommen dem ersten $141\frac{3}{17}$. fl. zu geben.

Item / einer hat Arbeyter / so er einem jegli-

jeglichen 7. dr. gibt / behelt er 30. gibt er aber jeglichem 9. so zerrinnen jhm 30. dr. wie viel hat er Arbeyter gehabt? Setz / der Arbeyter seyn gewesen 20. multiplicir mit 7. vnd addir 30. werden 170. dr. multiplicir 20. mit 9. vnd subtrahir 30. bleiben 150. solten 170. seyn / leugt zu wenig 20. Setz derhalben 40. vnnd examinir / steht also:

20	——	20	
			40
40	+	20	

Vollführe es / so kommen 30. Arbeyter.

Item / drey wöllen einen Weiher kauffen / vmb 100. flo. nemlich A. B. vnnd C / A. wil von B. $\frac{1}{2}$. haben / B. von C. $\frac{1}{3}$. vnnd C. von A. $\frac{1}{4}$. wie viel hat ein jegklicher gehabt? Setz A. hab 60. muß B. 80. haben / dann dem A. gebrechen 40. welche den halben theil deß B. Gelt machen / Nun gebrechen dem B. 20. an der bezahlung / vnnd sein der drittheil von C. derhalben muß C. auch 60. haben. Examinir die / so gebrechen dem C. an der bezahlung 25. Deßgleichen setze ein ander falsche zahl / als A. hab gehabt 68. flor. muß B. 64. vnd das C. 108 haben. Examinir / so kompt dem C. an bezahlung deß Weihers zu viel 25. fl. steht also:

A. B.

A.	B.	C.		
60	80	60 — 25		
				50
68	64	108 + 25		

Rechen einem nach dem andern / Facit dem A. 64 fl. dem B. 72. vnnd dem C. 84. fl. so viel hat jegklicher in sonderheit gehabt.

Item / einer spricht zum andern / wann ich noch so viel / ein drittheil / vnnd ein vierdtheil so viel hett / so wer meines Gelts vber 100. fl so viel als jetzt darunder. Wie viel hat er gehabt? Machs es also : Setze 48. ist 52. weniger dann 100. Examinir also / sprich: 48. 48. 16. vnd 12. macht in einer summa 124. nimb hinweg 100. bleiben 24. solten 52. seyn / leuget zu wenig 28. Derhalben setz er hab 60. flo. gehabt / Examinir auch / leugt zu viel 15 steht also :

48	——	28	
			43
60	+	15	

Machs / so kommen 55. fl. vnd $\frac{35}{43}$. theil.

Item / einer kaufft 7. Eyer / minus 2. dr. für 5. dr. vnd ein Ey / wie kompt ein Ey ? Setz ein Ey für 5. dr. sprich: 5. mal 7. seyn 35. Nimb hinweg 2. dr. bleiben 33. so viel sollen auch machen 5. dr. vnnd ein Ey / als 10 dr. leugt zu viel 23. dr. Setz fort ein Ey hab gekost 4. dr. Examinir wie jetzt / steht also:

5 + 23

6

4 + 17

Vollführ es/kompt $1\frac{1}{3}$.dr.so theuwer ein Ey.

Item/einer hat 20.lb. Saffran vnnd Ingwer durch einander/kost ein lb. Saffran 3.flo. vnd 2.lb. Ingwer 1.fl.lößt darauß 45.flor. Nun frage ich/wie viel jegkliches lb. in sonderheit gewesen seind? Setze 10.lb.Saffran/vnd 10.lb. Ingwer. Rechen jegklichs in sonderheit/vnnd addir zusamen/kompt zu wenig 10.fl. Setz zum andern mal 12.lb. Saffran/vnd 8.lb. Ingwer. Examinir die/steht also:

10 ——— 10

5

12 ——— 5

Rechen es/so kommen 14.lb. Saffran/die nimb von 20.lb. bleiben 6.lb. so viel ist deß Ingwers gewesen/welchen er gehabt hat.

Item/einer hat zween silberne Becher/vnd ein oberlied/so dasselbige auff den ersten gesetzt wirdt/helt er viermal deß andern gewicht. Wirdt es aber auff den andern gesetzt/so ist er dreymal schwerer/dann der erste/vnd das oberlied wigt 16.loth/wie viel wigt ein jegklicher Becher in sonderheit? Machs also: Setz/der erste habe gewogen zwölff loth/addir das oberlied/als 16.werden 28.das were viermal mehr/dann der

der ander. Also muß der ander 7. loth haben am gewicht. Addir 16. zu 7. kommen 23. welche drey mal 12. machen solten/ wirdt gebrechen an 13. Setz der examinirten ein andere/ als 8. vnd procedir nach der auffgab/ kompt minus 2. stehet also:

12	----	13	
			11
8	----	2	

Machs/kommen 7. loth/ $\frac{1}{11}$. so viel wigt der erste. Such den andern wie gesatzt/werden 5 $\frac{9}{12}$. loth. Oder machs durch satzung der falschen zahln sampt den lügen/ ihm zugeeignet.

Item/einer kaufft etlich eln Tuch/ je 3. elen für 2. fl. vnd verkaufft wider 4. elen für 3. fl. kaufft vnd verkaufft/ hat 10. fl. gewunnen/ Die frage/ wie viel eln? Setz 60. elen/rechen was die kosten/ sprich/ 60. elen/ je 3 elen für 2. fl. Facit 40. fl. Besihe wie viel er darauß lößt/ Sprich: 4. elen für 3. fl. wie kommen 60. elen? Facit 45. fl. daruon nimb 40. bleiben 5. solten 10. seyn/ leugt zu wenig 5. Setz ein ander falsche zahl/ als 90. Examinir/ die leuget zu wenig dritthalben/ mach die lügen zu theilen. Deßgleichen die andern gesatzten zahlen mußt du auch resoluiren/ stehet:

60 ——— 10

5

90 ——— 5

Thu nach vnderrichtung / so kommen 120. eln.

Item / einer führet ghen Regenspurg von Wien 60. fuder Weins / gibt eins dem Zöllner / von welchem er widerumb 30. flor. empfahet. Nun kompt ein ander bringt 200. fuder / gibt dem Zöllner ein fuder vnd 20. fl. mehr. Die frag wie viel ein fuder ist werth gewesen? Setz 40. fl. sprich: 30. daruon / bleiben 10. die er dem Zöllner gegeben hat / sprich: 60. geben 10. fl. was geben 200? Facit 33. fl. vnd ein drittheil / solten 60. fl. seyn / leugt zu wenig 26. fl. vnd $\frac{2}{3}$. Setz fort / ein fuder kost 50. fl. Examinir auch / so komen minus 3. fl. ein drittheil / die lügen resoluir in theil / steht also:

40 ——— 80

70

50 ——— 10

Vollführe es / kommen 51. fl. vnnd $\frac{3}{7}$. so viel hat ein fuder Weins gekost.

Item / einer löset auß etlicher Wahr 160. fl. gelten etliche 4. dickpfenning / etliche 3. dickpfenning / Machen in summa 560 dickpfen. Die frag wie viel gegolten haben 4. vnd wie viel 3. Setz 50. zu 4. vnd 110. zu 3. Multiplicir 50.

mit

mit 4. vnd 110. mit 3. Addir zusamen/ kommen 30. minus. Setz derhalben 60. zu 4. vnd 100. zu 3. Examinir wie jetzt/ leugt zu wenig 20. steht also:

50	——	30	
			10
60	——	20	

Vollführe es/ kommen 80. zu 4. dickpfen die nimb von 160. bleiben 80. so viel seind der andern gewesen.

Item/ drey machen ein gesellschafft/ der erste nimpt ½. deß gewinns/ der ander ⅓. vnd der dritt ¼. haben zusamen 50. fl. Die frage/ wie viel sie gewunnen haben. Setz ein zahl darinnen die theil vorhanden/ als 36. sprich: der halb theil von 36. macht 18. der drittheil machet 12. vnd der vierdte theil macht 9. Addir werden 39. leugt zu wenig 11. derhalben setz / sie haben gewunnen 48. fl. Examinir wie jetzt/ steht also:

36	—	11	
			13
48	+	2	

Vollführe es/ so kommen 46. fl. vnd 1⅔. so viel sie gewunnen haben.

Item / einer kaufft 3. marck Silber für 30. Ducaten/ 7. grosch. den Ducaten für 30. gro. gerechnet / also/ die andere marck zweymal so theuwer als die erste/ vnd 5. groschen mehr/ die dritt marck bezahlt er 3. mal höher dañ die ersten zwo / vnd 11. groschen mehr. Die frag / was er für jegliche marck in sonderheit gegeben habe? Setz für die erste 5. Ducaten / muß die ander kosten 10. Ducaten/ 5. groschen/ vnd die dritt 45. Ducaten/ 26. groschen/ Summir zusamen kommen 61. Ducaten/ 1. grosch. solten 30. Ducaten/ 7. grosch. seyn/ leugt zuuil 30. Ducaten/ 24. groschen/ oder $\frac{4}{5}$. eins Ducaten. Setz derhalben die erste marck sey werth gewesen 2. Ducaten. Examinir wie jetzt gethan / kommen minus 5. Ducaten/ vnd $\frac{4}{5}$. Mach die lügen zu theilen/ steht wie hernach folgt.

5	+	154	
			180
2	———	26	

Machs/ so kommen 2. Ducaten/ vnd 13. groschen/ so viel hat die erste marck gegolten/ die duplir/ kommen 5. Ducaten/ 1. groschen/ mit den 5. groschen hinzu gethan / so kost die dritte marck 3. mal so viel als die ersten 2. das weren 22. Ducaten/ vnd 23. groschen.

Item / einer hat zweyerley gekörnt Silber/ deß ersten helt ein marck 10. loth / Vnnd deß andern ein marck 15. loth/ wil von diesen zweyen

ein

ein marck haben / die 13. loth ein zweytheil halt. Die frag wie viel er von jeglicher nemen sol. Machs also / setz/er neme deß ersten 8.loth / deß andern auch 8. loth. Rechen wie viel die fein halten / also:

16	10. loth	8
16	15. loth	8

Multiplicir/ addir vnd diuidir/ kommen 12. loth/ein zweytheil fein/solten 13. loth / ein zweytheil seyn/ leugt zu wenig 1. Setze derhalben er neme deß ersten 6. loth/vnd deß andern 10. loth/ Examinir wie jetzt gethan / leugt zu wenig $\frac{3}{8}$. Mach die lügen gleich / stehet also:

8	——	8	
			5
6	——	3	

Rechen es / so kommen vom ersten Silber zunemen 4. loth/ vnd vier fünfftheil / die nimb von einer marck/bleiben 11. loth/ vnd ein fünfftheil/souil muß er von der andern marck nemen.

Item / einer hat groschen / gelten 20. einen gülden / vnd 30.auch ein fl. Nun kompt einer/ vnnd wil der zweyer grosch. 27. für ein Gülden haben / wie viel sol er jhm jeder geben? Setz der ersten $\frac{1}{2}$. der ander auch $\frac{1}{2}$. Examinir also / sprich $\frac{1}{2}$. von 20. seind 10. vnd $\frac{1}{2}$. von 30. seind 15. Addir zusamen 10. vnd 15. kommen 25. sollen 27. seyn / leugt zu wenig 2. Setz derhalben $\frac{1}{4}$. zu 20. vnd $\frac{3}{4}$. zu 30. Examinir auch wie jetzt / steht also:

$\frac{1}{2}$	$\frac{1}{2}$	———	2
$\frac{1}{4}$	$\frac{3}{4}$	+	$\frac{1}{2}$

Mach die lügen hinden zu theilen / vorn vier theil / vnd mitten 4. gehe in theiler / also:

2	2	—	4	
				20
1	3	+	1	

Vollführe es / nach der Regel / kommen der ersten zu 20. groschen $\frac{2}{10}$. fl. der andern zu 30. groschen $\frac{7}{10}$. fl.

Item / gib mir ein zahl / wann ich $\frac{2}{3}$. derselbigen zahl addir / mit 4. multiplicir / zum product 8. addire / die zahl medir / das halbe theil mit 4. diuidir / vnd 4. subtrahir / daß 20. bleiben. Die frag nach der zahl. Machs also: Setz die zahl sey 12. sprich: $\frac{2}{3}$. von 12. macht 8. addir zu 12. kommen 20. multiplicir mit 4. werden 8. darzu 8. kommen 88. medir / werden 44. theil ab mit 4. werden

werden 11. nimb hinweg 4. bleiben 7. solten 20. seyn/leugt zu wenig 13. Setz derhalben 24. sey die zahl/vnd Examinir die/kommen zu wenig 3. steht also:

12	———	13	
			10
24	———	3	

Vollführ es nach der Regel/ so kommen 27. vnd $\frac{2}{5}$. also dergleichen.

Item/ ein Fuhrmañ fehrt von Leipzig ghen Nürenberg in 6. tagen / vnnd ein ander Fuhrmañ fehrt desselbigen tags auß von Nürenberg/ kompt in 8. tagen ghen Leipzig/ in wie viel tagen kommen sie zusamen? Machs also: Setz/sie kommen zusamen in drey tagen. Examinir/ kompt dem ersten ein zweytheil deß wegs/vnd dem andern $\frac{3}{8}$. Addir zusamen / kommen $\frac{7}{8}$ deß wegs/ leugt zu wenig $\frac{1}{8}$. Setz derhalben sie kommen zusamen in 6. tagen. Examinir wie jetzt gethan/ leugt zu viel $\frac{6}{8}$. steht also:

3	———	1	
			7
6	—+—	6	

Rechen es / so kommen 3. tag / vnd $\frac{3}{7}$. in so langer zeit kommen sie zusamen.

Item/ etlich Personen / nemlich Landtsknecht vnd Bauwern / haben sich vnderstanden ein Beut zu holen/ welcher in summa gewesen 400. Ist die frag/wie viel jeglicher in sonderheit gewesen/ dann so der vierdte theil der Bauren / zum halben theil der Landtsknecht gethan wirdt/ so kompt die zahl der Landtsknecht. Machs also: Setz der Landtsknecht seyen gewesen 200. der Bauwern auch so viel. Examinir/ kommen 150. leugt zu wenig 50. Derhalben setz 100. Landtsknecht/ vnd 300. Bauwern. Examinir wie jetzt/ steht also:

200	———	50	
			75
100	—+—	25	

Vollführ es/so kommen 133. Landtsknecht/ $\frac{1}{3}$. die nimb von 400. bleiben Bauwren / als 266$\frac{2}{3}$.theil.

Item / 8. pfundt Feigen kosten ein fl. vnd 5. lb. Weinbeerlin auch ein fl. wie viel gebüret mir eins so viel als deß andern für 2. fl? Machs also: Setz jegliches 8. lb. Examinir/leugt zu viel $\frac{3}{5}$. Setz derhalben jeglicher 16. pfundt. Examinir/ leugt zu viel 3. floren/vnd $\frac{1}{5}$. Machs theil / stehet also:

8 —|— 3

13

16 —|— 16

Vollführe es/ so kommen 6. lb. vnd $1\frac{2}{3}$. theil/ so viel sol er jeglichs nemen für die 2. fl.

Item/ einer fragt/ wie viel es geschlagen habe/ man antwort jhm: Du weißt daß der tag 15. stundt lang ist/ nun so du wissen wilt/ wie viel $\frac{2}{3}$. vom vergangen/ vnd $\frac{1}{7}$. vom zukünfftigen/ so hastu wie viel es geschlagen hat. Machs nach dem jetzt gesatzten/ so komen fünffthalbe stund.

Wil also hiemit die Falsi dieser zeit beschlossen haben/ wiewol andere fragstück zu erklären mehr vorhanden gewesen/ hab ich dieselbigen vmb mühsamkeit der anhebenden vnderwegen gelassen.

Regula Cecis oder Virginum.

Dieweil viel vnnd mancherley red sich begeben vnder den Leyen/ vnd vnverstendigen der Rechnung. Als wenn

 Männer/

Männer / Frauwen / vnd Jungfrauwen in einer Zech versamlet / ein anzahl gelts vertrincken / vnd nicht zu gleich bezahlen. Solchs zu machen / soltu mit fleiß diese hübsche Regel mercken / welche Cecis genent wirdt.

Thu jhm also: Schreib vor dich gegen der lincken handt die anzahl der Personen Gegen der rechten handt / wie viel sie vertruncken / vnd in die mitte / wie viel ein jegliche Person / jeglichs geschlechts in sonderheit gibt. Darnach mach das gelt dem wenigsten vberall gleich / als dann multiplicir das kleinest an der bezahlung mit den Personen / vnd nimb von dem das sie vertruncken haben / Was da bleibt / ist die zahl / welche getheilt sol werden.

Vnd sonderlichen soltu wissen / daß alle mal ein theiler weniger ist / dann geschlecht vorhanden / dieselbige mach also: Nimb das geringste an bezahlung von den andern / so kommen sie dir. Ist ein theiler vorhanden / so theile ab / werden die meysten Person dem gelt nach an der bezahlung / die nimb hinweg von den Personen / so hast du die wenigsten der bezahlung. Seind aber zween theiler / so mach auß der zahl / welche getheilet sol werden / zween theil / also / daß ein theil zu gleich gar mit dem grössern theiler / vnd der ander mit dem kleinern theiler mag auffgehaben werden. Als dann summir zusamen / vnd

nimb

nimb von den Personen/ so hast du von bleibenden die zahl deß dritten geschlechts. Deßgleichen auch so mehr theiler vorhanden seind/ als folgende Exempel gründtlich außweisen werden.

Zechrechnen.

Item 21. Personen/ Männer vnd Frauwen/ haben vertruncken 81. dz. ein Mann sol geben 5. dz. vnd eine Frauw 3. dz. Nun frag ich/ wie viel jeglicher in sonderheit gewesen seind/ Setz also:

	Mann 5	
21. Personen		dz. 81. dz.
	Frauw 3	

Nimb 3. dz. von 5. dz. bleiben 2. der theiler/ nun multiplicir 3. mit 21. kommen 63. die nimb von 81. dz. bleiben 18. die theil ab mit 2. kommen 9. Männer/ die nimb von 21. Personen/ bleiben 12. soviel seind der Weiber. Also der gleichen.

Item 20. Personen/ Männer/ Frauwen vñ Jungfrauwen/ haben vertruncken 20. dz. ein Mañ gibt 3. dz. ein Frauw 2. dz. vnd ein Jungfrauw ein hlr. wie viel seind jeder Person gewesen?

sen? Machs nach vnderrichtung der Regel/ setz
also:

	Mann	3. dz.	
20. Person.	Frauw	2. dz. 20. dz. vertrun-	
	Jungfr.	1. hlr.	cken.

Mach vberall heller/ vnd setz:

	6	5	
20	4	3	40
	1		

Mach dein theiler / nimb 1. von 6. bleiben 5.
der theiler zun Mannern / vnd 3. der theiler zun
Frauwen / Nun multiplicir ein heller / den ein
Jungfrauw gibt / mit 20. Personen/ kommen
20. die nimb von 40. bleiben 20. darauß mach
zwey theil / also daß einer gleich mit 5. vnnd der
ander gleich mit dreyen auffgehaben mögen
werden/ seind 5. vnd 15. Theil ab jeglichen theil
mit seinem theiler/ wirdt 1. Mann/ 5. Frauwen/
die nimb von 20. Personen / bleiben 14.
so viel soltu der Jungfrauwen ha-
ben/ Vnd also mach
dergleichen.

Vihekauff.

Item / einer hat 100. fl. dafür wil er 100. haupt Vihes kauffen / nemlich / Ochsen/ Schwein/ Kälber/ vnd Geyssen/ kost ein Ochs 4. fl. ein Schwein anderthalben fl. ein Kalb einen halben fl. vnd ein Geyß ein ort von einem fl. wie viel sol er jeglicher haben für die 100. fl? Machs nach den vorigen/ mach eines jeglichen kosten zu örtern / deßgleichen die 100. fl. vnd setz als dann also:

	16	15	
100	6	5	400
	2	1	
	1		

Multi-

Multiplicir 1. mit 100. kommen 100. die nimb von 400. bleiben 300. darauß mach drey theil/ daß jeglicher gleich mit seinem theiler mag auffgehaben werden / als 180. 100. vnd 20. Theil jegliche zahl in seinen theiler/ kommen 12. Ochsen/20. Schwein/ vnd 20. Kälber. Summir zusamen Ochsen / Schwein / vnd Kälber/ werden 52. die nimb von 100. bleibt 48. so viel seind der Ziegen gewesen. Wiltu nun probiren/ ob du es recht gemacht hast/ so rechne wie viel jeglichs Vihe in sonderheit kost/ vnd summire zusamen / so kommen gerad 100. fl. vnd also mach dergleichen. Nach dieser Regel folgen andere Exempel.

Item/ einer gibt fürzusetzen zahlen / die nach einander folgen /wie hie/ daß vberall 15. werden.

1	2	3	Wiltu solchs vnd dergleichen wis-
4	5	6	sen/ so sprich allemal / 15. gibt 5. in
7	8	9	die mitte / was gibt dann so viel du

vberall haben wilt/ als hierinn 15. kommen 5. die setz mitten/ vnd darnach fort/ also:

6	7	8	Vnd darnach ver-	6	7	2
1	5	9	wechsel mit den 8.	1	5	9
2	3	4	vnd 2. also / so hastu	8	3	4
			allenthalben 15.			

Item/ du solt mir setzen zahlen/ die nach einander folgen / daß vberall 24. kommen / auch in drey zeil. Machs also: Such was in die mitte kompt/ sprich 15. gibt 5. was geben 24? Facit 8. Setz also:

4	8	12	Verwechsel vber	9	10	5
9	10	11	eck mit 5. vnd 11.	4	8	12
5	9	7	also:	11	6	7

Item nach obgesatzter weiß in drey zeilen zusetzen / daß allenthalben 7. kommen. Machs also: such was in die mitte kompt / sprich: 15. gibt 5. was geben 7? Facit 2. vnd $\frac{5}{15}$. setz also:

$2\frac{6}{15}$.	$2\frac{7}{15}$.	$2\frac{8}{15}$.	Verwech-	$2\frac{6}{15}$.	$2\frac{7}{15}$.	$2\frac{2}{15}$.
$2\frac{1}{15}$.	$2\frac{5}{15}$.	$2\frac{9}{15}$.	sel / stehet	$2\frac{1}{15}$.	$2\frac{5}{15}$.	$2\frac{9}{15}$.
$2\frac{2}{15}$.	$2\frac{3}{15}$.	$2\frac{4}{15}$.	wie hie:	$2\frac{8}{15}$.	$2\frac{3}{15}$.	$2\frac{4}{15}$.

Vnd also mach dergleichen.

Item zu setzen/ 1.2.3.4.5.6.7.8.9.10.11.12. 13.14.15.16. in vier zeilen/ daß allenthalben 34. komen/ Machs also: setz nach einander/ wie hie:

1	2	3	4	Verwechsel	16	2	3	13
5	6	7	8	außwendig	5	11	10	8
9	10	11	12	vnd inwen-	9	7	6	12
13	14	15	16	dig/ steht also:	4	14	15	1

Vnd

Vnd also mach nach diesem Exempel andere dergleichen.

Schneckengang.

Item / ein Schneck ist in einem Brun 32. elen tieff / kreucht alle tag herauff 4. eln $\frac{2}{3}$. vnd fellt deß nachts zurück 3. eln / vnd $\frac{3}{4}$. in wie viel tagen kompt sie herauß? Machs also: Resoluir einen jeglichen bruch in seine theil / vnd setz also $\frac{14}{3}$. theil $\frac{15}{4}$. Multiplicir im Creutz / kommen 56. das steigen / vnd 45. das fallen / nimb eins vom andern / bleiben 11. der theiler. Nun multiplicir die Nenner mit einander / werden 12. darmit multiplicir die 32. elen / kommen 384. dauon nimb das fallen / als 45. bleiben 330. die theil ab mit 11. werden 30. tag / bleiben 9. Darzu thu das fallen / als 45. werden 54. theil ab mit 56. werden $\frac{27}{28}$. theil / in so langer zeit kompt die Schneck herauß. Ist recht gemacht / vnd zum ersten erfunden durch Hansen Cunrad Probirer zu Eißleben.

Das magstu probiren so du ihm nicht glauben wilt / mit dem Circkel / Nimb vor dich ein lange Linien / theil die in 32. theil / vnd einen jeglichen theil in 12. theil. Als dann nimb zween Circkel mit einem das steigen / vnd mit dem andern das fallen / Vollführe es / kompt dir wie oben.

Oder

Oder probir es nach der zahl/ also/ resoluir die 32. Eln / welche die Schneck zu steigen hat / in 12. theil / Theile ab mit dem steigen / was da kompt / verzeichen besonder / dasselbig multiplicir mit dem fallen/ darzu addir was in erster steigung vberblieben ist / vnd theil abermals ab mit dem steigen / was kompt schreib zum vorigen/ dasselbig multiplicir aber mit dem fallen / addir was vom steigen vberblieben/ theile fort mit dem steigen/ schreib zum vorigen. Thu also / biß keines von dem andern mehr genommen mag werden/ Als dann summir zusammen/ was von jegklicher theilung kommen ist/ wirdt dann dasselbig gleich / dem / welches zum ersten auß der theilung kommen ist/ so hastu jhm recht gethan.

Beschluß.

Wil also mit diesem Bůchlin kurtz begriffen / alle Liebhaber der Rechnung verehret haben. Bitt dieselbigen gar freundtlichen gegenwertiges gůtlich anzunemmen / Ob irgendts etwas vbersehen / oder nicht gantz gründtlich beschrieben / willigklich recht zu verfertigen/ wil ich vmb einen jeden meines vermögens geflissen seyn zu verdienen / vnnd zu einer andern zeit jhm das Visiren/ die Regeln Algebre/ vnnd das Buchhalten treüwlich mitzutheilen geneiget seyn. Geben am Freytag nach Michaelis/ im Jar 1522.

Darmit nun ein jegklicher / so diß Büchlin zum ersten oder andern mal außgerechnet / mit der Handt etwas dester fertiger vnnd behender werde / wil ich etliche Exempel erklären auff die Regel Detri zum ersten gehörig / dardurch ein jeder lehrnen mag / alle andere zu machen/nicht nach der Practica / sondern nach auffhebung einer zahl gegen der andern. Vnd zum andern/wie sich ein jeder in der Falsi halten soll.

In Regula Detri

HEbe auff die erste zahl gegen der letzsten/ so du magst in halb / in 4. in 6. etc. oder in vngerad/als in 3. in 5. in 7. etc. Magst du die förder zahl gegen der letzsten nicht auffheben / so hebe sie auff gegen der mitteln / wie du kanst vnd magst. Als dann vollführ es nach der Regel Detri / wie hie in Müntz 21. groschen für den fl. gerechnet.

Item/

Item/ 32. Elen für 28. fl. wie 6. eln? Setz:

32	28	6
16	28	3
4	7	3

Die 32. Eln heb auff gegen den 6. Eln/ kommen 16. vnd 3. Darnach heb die 16. auff/ gegen den 28. in 4. kommen 4. vnd 7. steht wie oben 4. eln vmb 7. fl. wie kommen 3. eln? Sprich: 3. mal 7. sind 21. theil ab mit 4. komen 5. fl. bleibet 1. fl. Nun solt du auch auffheben die groschen deß fl. gegen dem theiler/ als 21. gegen 4. kanst nicht/ Derhalben multiplicir die vbrigen flor. mit 21. groschen/ kommen allhie 21. groschen/ theil auch ab/ werden 5. groschen/ bleibet 1. groschen/ hebe auff den theiler/ als 4. gegē den dl. deß groschen/ als 12. kommen 1. vnnd 3. Multiplicir den vbertgen groschen mit 3. vnd theil ab mit 1. so hast du 3. dl. also kommen 6. elen für 5. fl. 5. grosch. 3. dl. also deßgleichen.

Item/ 60. Eymer Weins für 35. fl. wie kommen 14. Eymer? Facit. Setz.

60	35	14
30	35	7
6	7	7
		7
		49

1 |
6 | 21.grosch. 48 | 8.fl.
2 | 7 8 |

1 |
2 | 12.dl. 7 | 2.gro.vnd 6.dl.

---

1 | 6 2 |

¶ In Golt gerechnet.

Item/ein Cent.für 17.fl.1½.ort/wie 84.lb?

100 17$\frac{3}{8}$.fl. 84

---

800 139 84

---

200 139 21
21

139
278

2919

1 |
200 | 20.ß. 2919 | 14.fl.

---

10 | 1 2200 |
10 | 12 hlr. 119 | 11.ß.

---

5 | 6 110 |
6
9

54
54 | 10$\frac{4}{5}$.hlr.
55 |

Mul.

Multiplicir vnd diuidir/bleiben 119. flo. Setz 20. ß. neben den theiler / kommen 10. vñ 1. Nun multipliciret 1. nit / derhalben theil ab mit 10. werden 11. ß. bleiben 9. Setz 12. hlr. gegen dem theiler/ 10. heb auff/ kommen 5. vnnd 6. Multiplicir die 9. ß. mit 6. vnnd theil ab mit 5. kompt das facit wie oben. Deßgleichen magstu allen Exempeln in der Regeln Detri thun / Allein in dem Wechsel/ so Vngerisch Golt mitten steht/ oder Ducaten/ so enthalt dich deß auffhebens/ dann in solchen Exempeln muß man mit dem mitteln abtheilen.

In Regula Falsi

Heb auff die zwo lügen gegen dem theiler / oder die zwo falschen zahlen gegen dem theiler / Oder die eine falsche zahl/ vnnd derselbigen falschen zahl lügen gegen dem theiler/wie hie:

4 ———+——— 8

4

5 ———+——— 4

Jn 4. die lügen gegen dem theiler / so kompt es wie hie: als

4——+——2
　　　　　　1
5——+——1

Jetzt hebe auff die falschen zahlen gegen dem theiler / durch 8. also:

16——+——5
　　　　　　8
24————3

So kompt:

2——+——5
　　　　　　1
3————3

Jn folgendem Exempel hebe auff die öberste falsche zahl / vnnd jhr lügen gegen dem theiler / durch 4. also:

8——+——4
　　　　　　8
9————4

Stehet darnach:

2——+——1
　　　　　　2
9————4

¶ Nach

¶ Nach dieser vnderrichtung kanst du auffs behendest alle Exempel inn der Falsi machen. Wöllest solch Büchlin vnnd kurtze erklärung jetzt / welches ich zum andern mal lasse außgehen / zu danck annemmen / wil ich verdienen / vnnd dir auff das chest ich mag / die Practica nach allem fleiß herauß streichen. Datum auff S. Annaberg / Dinstag nach Martini im Jar

1 5 2 5.

Rechenbüchlin

Ein kurtz vnd gewiß Regel/ wie man ersuchen soll den vmbkreiß/ wie viel Meil wegs die Erden gerings vmbher/ vnd strack vberzwerch/ halte.

ZVm ersten mußt du wissen/ wie die Astronomi darvon schreiben/ daß ein jegklicher Circkel in 360. gradus bequemlich getheilet kan werden.

Zum andern/ daß ein Grad desselbigen Circkels 15. Teutscher meil in sich habe. Wann du nun

nun zu wissen begerest / wie weit das Erdtrich gerings vmbher Meil wegs halte / so nimb den Circkel / der hat 360. grad / dieselbige multiplicir mit 15. so wirst du finden in dem product 5400. Teutscher Meil. Machs also:

3 6 0
1 5
1 8 0 0
3 6 0
5 4 0 0

Diß ist die weite der Erden 5400. Teutscher Meilen. Wann du aber wilt wissen / wie viel Meilen stracks vberzwerch seyen / So merck diese Regel / Ein jegliche zwerch läng findet sich zu jhrer gerings runden / wie 22. zu 7. Weil du nun weißt / wie weit die gerings rundt Linea die Erden begreiffendt / Meil wegs helt / so setz also in die Regel : 22. geben 7. wie viel 5400? Multiplicir mit 7. Diuidir mit 22. kommen im product $1718\frac{2}{11}$. So viel Meilen sind stracks vberzwerch.

22 7 5400 ($1718\frac{2}{11}$.

K v Hernach

Hernach folget der ware Proceß / vnnd kurtzest weg / wie man Visierruthen machen soll/ auß dem Quadraten/ auff alle Eich.

SOlt zum ersten wissen/ daß die Ruth stehet in dreyen satzungen/ oder theilen. Das erste ist von der tieffe zunemmen / Ist zweyerley. Mit dem langen Circkel/ vnnd wirdt genandt Profunditas Geometrica: Oder mit dem kurtzen Circkel/ die wirdt genendt Arithmetica/ dann sie gehet auß einer Tafel/ gezogen auß der Arithmetic/ genandt Tabula Radicis quadrate.

Der

Der ander satz ist / wie man die läng finden soll / auff ein jede tieff.

Der dritte vnd letzste ist / wie man außtheilet vnd einsetzt die Puncten deß Innhalts.

Von der tieffe an die Visierruthen zu verzeichnen / auß der Geometria.

Ziehe ein Lini / a b. vnd setz einen Quadraten / wie groß du wilt / an das a. der sey a c d e. vnd das Latus / strich oder seit / a c. wirdt genendt der erst Diameter / oder der erst Punct in der tieffe / vnd bleibt vngetheilt / bedeut ein maß.

¶ Besihe

¶ Besihe zu diesem bericht/die nachgesetzte Figur.

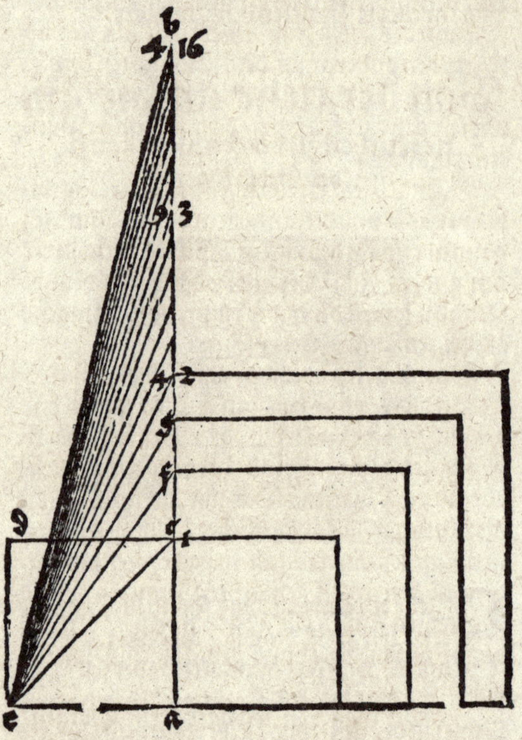

Den

¶ Den andern puncten such also.

Setz den einen Fuß deß Circkels in das e/ vnd ruck den andern in das c. vnd mit solcher weite/ setz dann den einen Fuß deß Circkels ins a/ vnd strecke den andern auff dem strich gegen dem b. Vnnd wo sich dieselbige läng abschneidet/ oder wie ferr der Circkel reycht/ da mach einen Puncten/ der sey f.

Darnach setz den einen Fuß deß Circkels wider in das e/ vnd den andern in das f. Vnnd setz dann abermals den einen Fuß ins a/ vnd streck den andern Fuß/ wie vor/ aber gegen dem b. Vnnd wie weit der ander Fuß reycht/ da mache aber einen Puncten/ der sey g.

Darnach setz aber den einen Fuß deß Circkels in das e/ vnnd ruck den andern Fuß in das g/ vnnd setz dann wider in das a/ vnd den andern Fuß gegen dem b. Vnnd wo er endet/ da mache aber einen Puncten. Das thu als lang biß du die Ruth gar hast außgetheilet/ allwegen den einen Fuß deß Circkels setze in das e/ solt den andern in den nechst gemachten Puncten/ vnnd dann einen Fuß in das a/ gegen dem b/ den andern Fuß reychen/ vnnd denselbigen Puncten machen. Also fort an.

Man mag von weniger jrrung wegen/ so man den ersten Diameter hat/ solche weite durch auß verzeichnen auff der langen Ruthen/

chen/dañ der erst Diameter helt eins / so helt der ander 4. der dritt 9. der vierdt 16. der fünfft 25. der sechst 36.

Vrsach daß der ander 4. dann 2. mal 2. ist 4. vnd der dritt 9. dañ 3. mal 3. ist 9. vñ also die andern. Wann diser grundt der tieffe wirt probirt/ vnd rectificirt durch die Radices quadratas/ wie dann die tieffe auch hienach gesatzt wirdt einzuschreiben/ auß der Arithmetic/ durch den kleinen Circkel/ auß den Radicibus ex quadratis. Also:

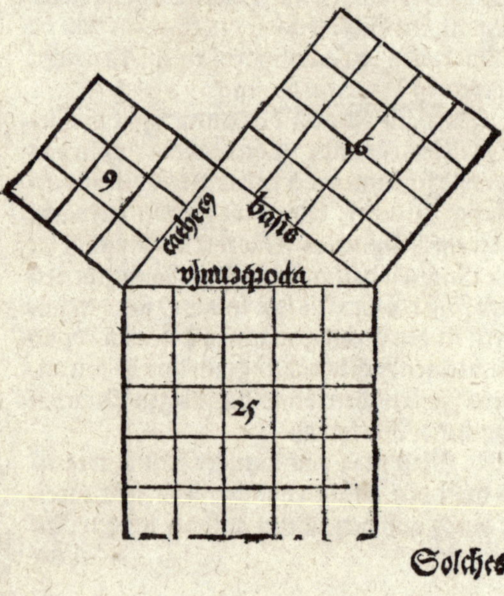

Solches bewert Euclides im ersten Buch Pro. 46. also: In jedem Triangel der Winckelschied ist / das Quadrat das da gemacht wirdt auß den seiten gegen dem Winckel vber / ist als vil / als die zwey Quadrat / auß den andern zweyen seiten gemacht / als hie oben fürgerissen ist.

Einen gerechten Winckel zumachen.

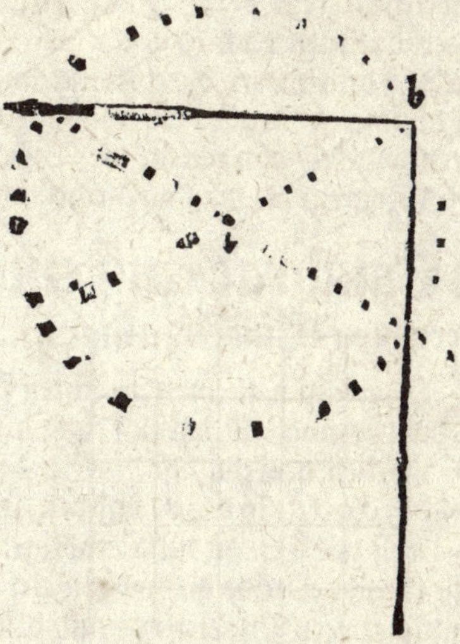

Reiß

REiß zwo blinde Linien vber einander/ Creutzweiß vngefährlich / vnnd wo die vber einander gehen / mach ein a. Darnach setz den einen Fuß deß Circkels in das a/ vnnd thu den andern Fuß auff / so weit du wilt/ vnd reiß einen blinden Circkel rings vmb. Oder mache schlecht drey Pünctlein darauff / so hast du dein beger. Doch daß er nicht vber die zween geschrenckte blinde riß gehe. Dann nimb acht/ wo der blinde Circkel / die blinde geschrenckten Linien durchschneidet / mach zu einem (gilt gleich welchem) ein b. Darnach zeichen die offene gerade Linien vom b / gegen der rechten Handt. Auff dem andern durchschnitt/auch eine gegẽ der lincken Handt/vom b/so hastu einen gerechten winckel / ohn welche die Visierruth nach der Geometri nit mag außgetheilt werdẽ.

Ein Quadrat auß einem gerechten Winckel zu machen.

SO du nun hast einen gerechten Winckel / vnnd wilt darauß ein Quadrat machen/dem thu also. Setz den einen Fuß deß Circkels in das b / vnd den andern Fuß thu auff wie weit du den Quadraten haben wilt/ vnnd schneide die zwo winckel Linien/ vnnd setze zween Puncten / c vnnd d. Darnach

nach setze den einen Fuß deß Circkels / also vnverruckt in das c / vnd mach einen blinden Circkel. Das thu auch auß dem d. Vñ wo die zween blinde Circkel vber einander gehen / da mach ein e / zeuch dann c e / vnd d e zusammen / So hastu ein recht quadrat / Hie besihe die Figur.

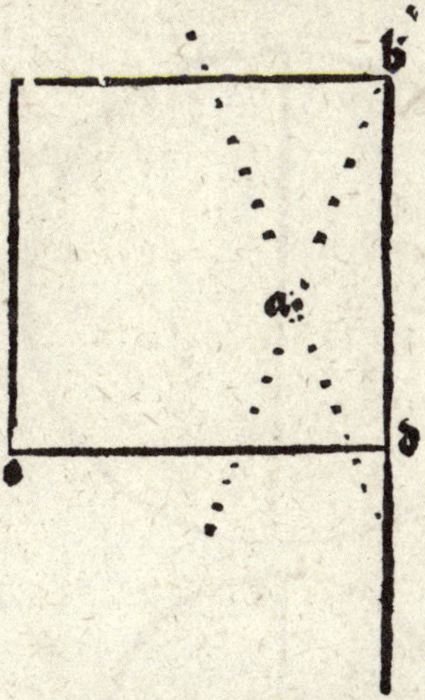

Item / die Lini / die mitten durchs quadrat gehet / von einem winckel zum andern / wirdt genandt Diameter. Vnnd so man ein quadrat darauß macht / ist dasselbige quadrat zweymal als groß / als das quadrat von deß quadranten seiten eine / Vnnd darumb / so man auff der seiten einer beschreibet einen Circkel / ist er nun halb so groß / als so man ein Circkel schreibt vber diß quadraten Diameter. Vnnd also / wie sich die quadrata vergleichen / vergleichen sich auch die Circkel. Besihe diese Figur:

Der

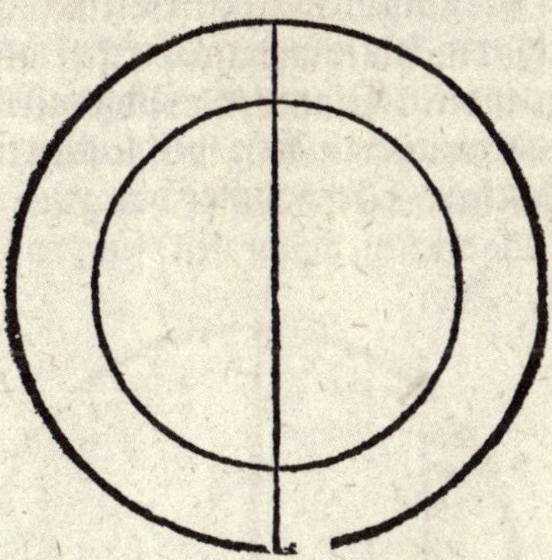

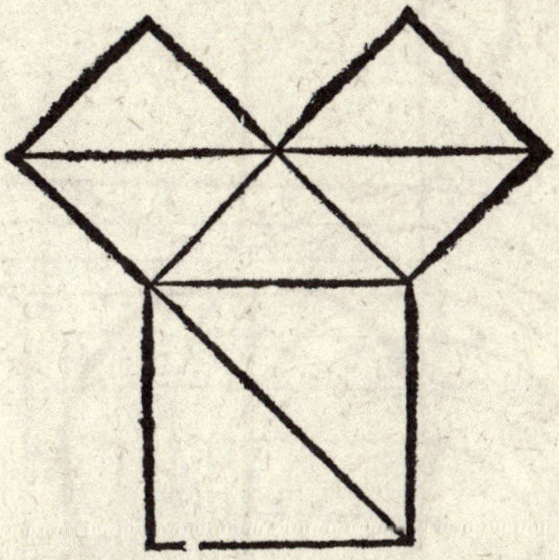

Die öbern zwey Quadrat / helt eins halb so viel / als das underste / welches so viel thut oder helt/als die öbersten beyde.

¶ Wie sich halten die Circkel einer zum andern/also durch die quadraten. Einer helt so viel wie der ander. Als so der erste vnd innerste Circkel / oder quadrat/ 1. Maß helt/ so heltder ander Monschein oder Circkel/vmb den ersten auch so viel. Also auch die quadraten / für vnd für/ vnzählich. Also:

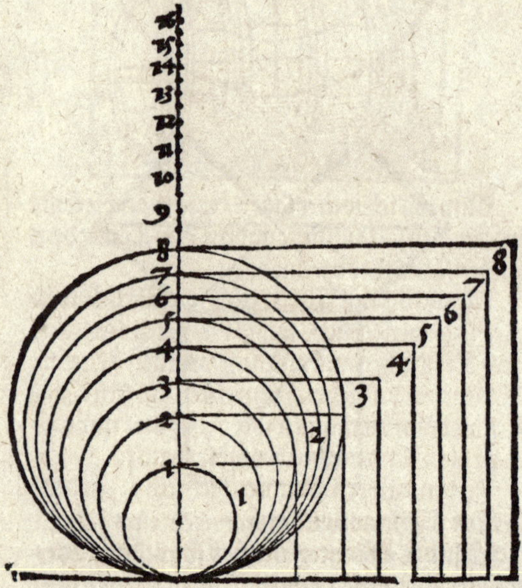

Von

Von der tieffe zu beschreiben.

Nun wil ich weiter sagen / wie man die tieffe beschreiben sol / auß der quadrat Tafel / mit dem kurtzen Circkel / dem thu also:

Nimb mit eim Circkel ein vngefährlich weite eins halben schuchs lang / vnd solch theil stich auff die Ruthen auß vnd auß / werden genendt Diameter / vnd schreib zum ersten ein klein Ziferlin / dann du musts wider außthun / nur daß man die Diameter bey der zahl erkenne.

Zu dem andern Diameter schreib 2. Zu dem dritten 3. Also auß vnd auß.

Solcher Diameter einen stich auff ein Metal oder hart Holtz / vnd theil jhn in 1000. theil /

in solcher maß. Theil jhn am ersten in 5. theil/ darnach jedes theil in zwey theil / werden zehen theil/der laß jedes 100. seyn/im verstandt.

Aber das erste theil diuidir in 5. theil/vnd derselben theil eins in zwey theil/so hat es 10. theil / Derselbigen theil eins wirdt dann zehen bedeuten/ vnd schreib dann die ziffer darzu/ wie hie figurt ist / Wann auß diesem getheilten Diameter/vnd der Tafel der Radicum / schreibet man mit dem kurtzen Circkel/ die tieffe auff die Ruthen.

Die tieffe vollführe also: Der erst Diameter bleibet vngetheilt / vnd ist der erste Punct in der tieffe. Den andern Puncten such also : Setz den Circkel auff dem getheilten Diameter mit dem einen Fuß auff 400. vnd mit dem andern Fuß vngefährlich auff den 14. theil / deß kleinern theils das getheilt ist in 100. theil / macht nicht gar ein spacium / vnnd nimb dann den Circkel also vnverruckt / vnnd setz den einen Fuß zu deß ersten Diameters end / da das zifferlin 1. stehet/ vnnd schlahe den andern Fuß deß Circkels nach län ge der Ruthen/vnnd wie weit der reychet/da mache einen Punct.

Den

Den dritten Puncten such also : Setz deß Circkels einen Fuß auff 700. vnnd den andern auff 32. der kleinen theilung. Nimb dann solche weite/vnd setz den einen Fuß auff das 1. zifferlini/vnnd den andern schlahe hinauff/vnnd wo er abschneidet oder reychet / da stehet der dritte Punct.

Den vierdten darffst du nicht suchen / wann es ist der ander Diameter/ vrsach/ dañ 2. mal 2. ist 4. Vnd also mit andern Diametris.

Den fünfften Puncten such also : Setz den einen Fuß deß Circkels auff 200. vnnd den andern auff 36. den kleinern theil / vnnd setz dann hinfür den einen Fuß deß Circkels/ inn das end deß andern Diameters/ bey dem zifferlin 2. vnd wie ferr der ander Fuß langt/ da stehet der fünfft Punct. Den sechsten such gleich auff die art/ auß der Tafeln/ wie viel dir dann dieselbige anzeiget.

Vnnd so du den dritten Diameter gar außgetheilt hast/setz hinfüran deß Circkels einen fuß in das ende deß dritten Diameters / so lang/ biß du den vierdten Diameter erreychest.

Darnach setze jhn ins end deß vierdten Diameters/biß du den fünfften erlangest. Also fürtan/biß du die Ruthen gar außgetheilt hast.

Die Tafel aber von neuwem zu machen/thu also : Dem ersten Punct setz 1. vnd setz darfür sechs nulla / Ziehe dann Radicem quadratam davon / so kommen 1000. Dann præponir dem andern Puncten / das ist / der Ziffern 2. auch sechs 0. vnd ziehe Radicem quadratam / so kommen 414.

Den dritten Punct mach auch also. Setz sechs 0. darfür. Extrahir dann Radicem quadratam davon / kommen 732. Also thu mit allen Puncten / so machst du die Tafel selber. Es ist aber groß mühe vnnd verdrossene arbeyt / Darumb habe ich dir hie ein Tafel außgezogen / die gehet biß auff 240. punct der tieffe / der man genug hat auff grosse oder kleine Vaß.

Tabula Radicum quadratarum.

1	1	1000		13	605	5	25	1000
	2	414		14	741		26	99
	3	732		15	873		27	196
2	4	1000	4	16	1000		28	291
	5	236		17	123		29	385
	6	449		18	242		30	477
	7	645		19	359		31	567
	8	828		20	472		32	657
3	9	1000		21	582		33	744
	10	162		22	692		34	831
	11	316		23	796		35	916
	12	464		24	899	6	36	1000

	37	82		65	62		93	643
	38	164		66	124		94	695
	39	244		67	185		95	742
	40	324		68	246		96	798
	41	403		69	306		97	849
	42	480		70	366		98	900
	43	558		71	426		99	950
	44	634		72	485	10	100	1000
	45	708		73	544		101	50
	46	782		74	602		102	100
	47	856		75	660		103	148
	48	928		76	718		104	198
7	49	1000		77	775		105	246
	50	71		78	831		106	295
	51	141		79	888		107	344
	52	211		80	944		108	392
	53	280	9	81	1000		109	440
	54	348		82	55		110	488
	55	415		83	110		111	536
	56	482		84	165		112	584
	57	549		85	219		113	630
	58	616		86	273		114	678
	59	681		87	327		115	723
	60	746		88	380		116	770
	61	810		89	432		117	816
	62	874		90	487		118	863
	63	937		91	540		119	908
8	64	1000		92	592		120	954

11	121	1000		149	206		177	304
	122	45		150	247		178	341
	123	90		151	288		179	379
	124	135		152	328		180	416
	125	180		153	369		181	454
	126	224		154	409		182	489
	127	269		155	449		183	526
	128	313		156	489		184	563
	129	359		157	530		185	599
	130	401		158	569		186	637
	131	446		159	610		187	674
	132	489		160	649		188	711
	133	532		161	688		189	747
	134	575		162	727		190	783
	135	618		163	767		191	820
	136	661		164	806		192	857
	137	704		165	846		193	894
	138	747		166	886		194	930
	139	789		167	922		195	966
	140	832		168	961	14	196	1000
	141	874	13	169	1000		197	36
	142	916		170	38		198	72
	143	958		171	76		199	108
12	144	1000		172	114		200	142
	145	41		173	152		201	177
	146	83		174	890		202	212
	147	124		175	228		203	237
	148	165		176	266		204	272

205

205	317	217	730	229	132
206	352	218	764	230	165
207	387	219	798	231	198
208	422	220	832	232	231
209	456	221	866	233	264
210	492	222	900	234	297
211	526	223	934	235	330
212	560	224	966	236	362
213	594	15 225	1000	237	394
214	628	226	33	238	427
215	666	227	66	239	460
116	696	228	99	240	492

Das ander Capitel/

Von der långe an der Visierruth.

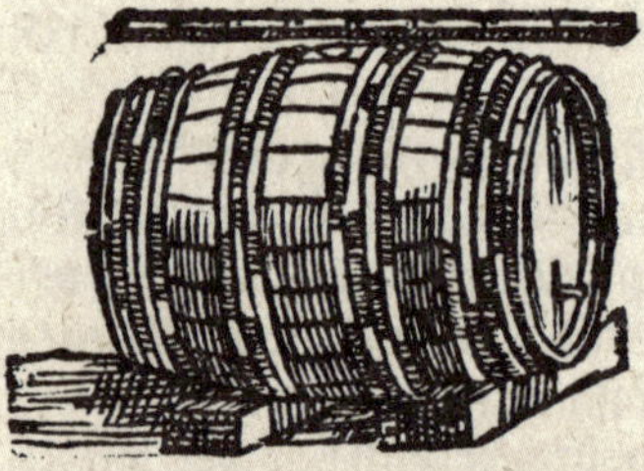

So nun die tieffe zu finden genugsam gelehret/ folget von der långe. Die verwandelet sich / daß sie in einer Eich grösser ist dann in der andern. Aber die Puncten der tieffe bleiben auff alle Eich. Darumb/ so man einen Diameter hat außgetheilet / der dienet auff alle Eich / vnnd jede Maß / die tieffe damit einzuschreiben.

Die långe finde also: Beschůt ein 5. 6. oder 7.ömig Vaß mit Wasser / behalt wie vil Ome/ Viertheil/ vnnd Maß es halte/ Dann stoß dein gestochene Visierruth zu dem Spundt gerad hinab/

hinab/ mit dem ersten Diameter / daß die Ruth nicht verkehrt werde / vnnd mache ein Kreidenstrich innwendig deß Spundts / auff die Ruthen / dann nimb auch die höhe der zweyer Bödem / Vnnd ob sie nicht gleich weren / so medirs zusammen. Darnach medir die Bödem vnnd Spundt höhe zusammen. Vnd dieser Kreidenstrich würdt genendt die corrigirt tieffe. Vnnd so solch tieffe gestanden were auff dem 24. Puncten / vnnd das continent deß Vaß sey gewesen 5. Omen/3. Viertheil/2. Maß/ So resoluir die Omen vnnd Viertheil alle zu Masen/ vnd thue die 2. Maß auch darzu / so werdens 414. Maß. Dann hie in diser Eich helt die Ome 80. Maß/ vnd das Viertheil 4. Maß.

Darnach nimb die länge desselbigen Vaß/ vnnd ziehe beyde Gargeln darvon / vnnd einer Gargeln läng für die zween Bödem / vnnd verzeichne dieselbige vberig läng auff einen ebenen Tisch/ oder Bret/ vnnd theile sie in so viel theil/ als das Vaß Masen helt / das seindt inn diesem Exempel 414. In so viel theils. Darnach nimb derselben theil 24. für ein länge / darumb / daß die corrigirt tieffe erreychet hat 24 Punct/vnnd derselbigen länge nimb so viel du jhr bedarffest/ so ist die Ruth gerecht / doch nicht dann zur tieffe.

¶ Ein

¶ Ein ander Exempel.

Die corrigierte tieffe eines Vaß sey gefallen auff den 38. Puncten/vnd das Vaß helt 6. Omen/ 7. Viertheil / 3. Maß / machet alles 511. Maß/so theile deß Vaß länge in 511. theil / vnnd nimb derselbigen theil 38. für ein länge / so ist es aber recht. Man sol allweg deß Vaß länge theilen oder außstechen in so viel theil/ als viel Maß das Vaß helt/ vnd so viel derselbigen theil nemmen für ein länge / wie viel dann die corrigiert tieffe anzeiget / es sey in gebrochenen oder gantzen Puncten der tieffe.

¶ Exempel inn gebrochnen.

Die corrigirte tieffe sey gefallen auff den 24. Punct/vnd ein halben Punct hinüber/vnd das Vaß hielt 4. Omen/3. Viertheil/2. Maß/ machet gerad 334. Maß. Darumb theil die länge deß Vaß in 334. theil/vnnd nimb derselben theil 24½. für ein läng/so ist es aber recht/vnd bringet gar kein jrrung.

Item/man sol acht haben/wie man die Ruthe macht / also soll man auch mit der visieren/ verstehe also: So man die länge deß Vaß theilt/ in so viel theil als es Maß helt/ vnd läßt die zween Bödem dabey/zeucht nur die Gargeln darvon/ So sol mans allweg also visieren / vnd nur die

Gargeln

Gargeln abziehen / vnd die Bödem bleiben lassen / als an viel orthen gewonheit. Zeucht man aber für die zween Bödem ein Gargel länge ab an der außtheilung der Ruthen / sol man auch im visiren solch Gargel läng für die Bödem abziehen / so hats gar kein jrrung.

Item / etliche haben die gewonheit / so sie ein Visierruth wöllen machen / nemmens ein außgetrehet Büchsen in gleicher runde / schütten darinn ein Maß Wasser derselbigen Eich / vnd mercken wie tieff es netzet / Darnach nemmens dieselbige tieffe für ein länge / vnd die zwerch für den ersten Diameter. Diß ist aber ein näherer weg vnnd behender / vnnd auff das aller schlechtest / vnnd ist gerecht. Aber es ist gar fährlich / vnd zu besorgen einer jrre sich gar leicht / Dann er mag die länge oder den Diameter kaum vmb ein härlin zu groß oder zu klein nemen / das machet dann in so viel vmbschlägen nach der langen Ruthen / gar ein grosse jrrung. Darumb ist nichts gewissers / dann auß einem grossen Vaß holen oder nemen / das bringet gar kein jrrung. Dann ob man schon ein Maß / zwo oder drey nichts lässet seyn / in einem siben ömigen Vaß / so bringet es doch einer Massen / oder dem ersten Diameter / oder ersten länge gar kein jrrung. Darum ist solch mühe in außtheilung deß Vaß

länge /

länge/nicht vmb sonst gethan. Also seindt auch zweyerley weg zu suchen vnd finden die länge.

Von den Puncten Continentiæ, Das ist/ deß Innhalts.

NVn wil ich weiter setzen das dritte theil/ als vom Puncten Continentiæ / das ist/die gemultiplicirt tieffe vnnd länge/ Wiewol an vielen orthen nit gewonheit ist./ solche nähe / allein man multiplicirt im sinn die tieffe mit der länge/so hat man auch wie viel das Vaß helt. Es ist aber mühsam/vnnd mag einer leichtlich jrrē/vorab so die tieffe oder länge/ oder sie beyde nicht auff gerade puncten oder längen fallen / welches gar schwer einem Rechner / eim Leyen schier vnmüglich ist.

Das dritte vnnd letzste theil von der Ruthen zu machen / seindt puncta Continentiæ/ die suche also : Habe acht / wie viel Maß auff ein Ome gehen/in deiner gegend/als zu Franckfurt helt die Ome 80. Maß / vnnd ich wil puncta Continentiæ auff eine Ruthen machen/So ich dann schon die Puncten der tieffe gestochen habe / vnnd die länge gefunden / ingestalt/

wie

wie obgelehrt / So nimb eben acht / vnd such zwo zahlen nach dem bequemlichsten / so man sie multiplicirt / daß sie so viel bringen als die Ohm Maß hat / vnd ist zu Franckfurter Eich / als zu 80. kein bequemer zahl / dann 10. vnd 8. Die mit einander multiplicirt / bringen eben 80. Das ist die Ohme daselbst / Darumb muß man 8. punct in der tieffe nem̃en für ein Principal oder Cambi / Oder man schreibt allweg vber 8. punct in der tieffe / ein ziffer / ist alles ein ding / Vnd also muß man 10. länge nem̃en zu der Ruthen.

Oder man mag vber 10. puncten in der tieffe ein Register setzen / vnd so muß man dann nicht mehr nem̃en dann 8. längen / Dann allweg so die zwo zahlen mit einander multiplicirt / die Ohme bringen / so nimpt man welche man wil / zu den Registern oder Cambien / vnd die ander zu den längen / hat kein jrrung.

Man möchte auch die zwo zahlen nem̃en / als 16. vnd 5. so man die multiplicirt mit einander / bringens auch die Ohme. So nem̃ man fünff punct in der tieffe für ein Principal vnd 16. läng / oder 16. für ein Principal / vnd fünff längen.

Oder man neme 20. vnd 4. so die gemultiplicirt werden mit einander / bringen sie auch die Ohme. Dann neme man 4. punct in der

M tieffe

tieffe für ein principal / vnd 20. längen zu der Ruthen/oder 20. für ein principal/vnd 4. länge zu der Ruthen.

Es ist aber ein vngeschickt ding / so man mehr puncten der tieffe nimpt für ein Cambien / oder principal / dann die Ruthen längen hat/Es neme viel zehlens.

Vnd so man ein Ruthen macht/ je weniger man punct nimpt für ein principal oder Cambi/je künstiger es ist. So man 4. puncten nimpt für ein principal/ vnd 20. längen / were besser dann 8. puncten für ein principal/ vnd 10. läng/ so anderst die Ruth nicht so vngeschickt lang würde. Darumb möcht man den Diameter länger nemen / vnd die puncten der tieffe von neuwem stechen/ so würden die länge desto kürtzer. Es hat aber nicht viel jrrung.

Jtem so du die Cambi oder principal / oder Register verzeichnet hast in den puncten der tieffe / als allwegen vber 8. puncten ein Register / als vber die ersten 8. puncten 1. vnd noch vber 8. puncten 2. Darnach noch mehr 8. puncten 3. vnd also für an.

Schreib die Register der puncten Continentiæ / die du außtheilen wilt / oben an die Ruth / als 3/ 4/ 5/ 6/ 7/ 8/ 9/ etc. zwey Register auff eine seitten oder drey / darnach viel Register oder Cambi in der tieffe seind. Es ist nicht

noth/

noth / daß man das Register 1. oder 2. setze / dann so die corrigirt tieffe auff derselbigen Register eines / oder dabey fiel / so multipliciret man schlecht die puncten der tieffe / mit der länge deß Väßlins / so hat man die Summa deß Innhalts. Es gehet baldt zu. Darzu ist auch kein solch Väßlin Ruthen lang / daß es nicht noth thut zu setzen.

Item / theile die seitten / darauff dann die Register stehen / oben an der Ruthen / jede seitten gar ab vnd ab / in so viel theil / als viel puncten zwischem principal stehen / Als / es stünde in der tieffe allweg vber 8. punct ein Register / darumb theile alle seitten / wo dann die Register oben an der Ruthen verzeichnet stehen / jede seit in 8. gleiche theil. Darnach theil derselben theil eins in so viel theil / als viel sein Register oder Cambi oben an der Ruthen stehet / bedeut / als das Cambi 5. stünde oben an der Ruthen / So must du dann derselben theil eins theilen in 5. theil / Vnd bey dem Cambi 6. noch in 6. theil / Vnd dem Cambi 4. noch in 4. theil / etc. Also weren dann die puncten gar außgetheilet. Darnach schreib dann die Ohme ein / in solcher ordnung. Als viel puncten zwischen eim principal oder Cambi stehen in der tieffe / vber so viel puncten setze ein Ohme / Als / es weren 8. puncten zwischen einem principal / vnd ich wolte bey meinem Register 6. die ander Ohme vollend hinauß auch setzen/ so zehle ich 8. Puncten darnach/ vnd setze 7. darnach aber 8. Puncten/ vnd setz 8. Darnach aber vber 8. Puncten/ vnd setz 9. also biß zum ende der Ruthen/ so thust du jhm recht/ so kompt im ende der Ruthen allwege Duplum deß Registers oben an der Ruthen derselbigen seitten.

Item wisse daß solche Puncta continentiæ allwegen einer so viel Maß gilt oder bedeut/ als viel die Ruth lången hat/ Als so die Ruthe zehen lång hat/ so thut jeder Punct im Puncten deß innhalts/ 10. Maß. Darumb so man vber acht Puncten ein Ohm setzet/ machets eben 80. Maß/ die Ohm.

¶ Also ist kůrtzlich gelehret ein gar kůnstige Visierruth zu machen/ darmit man visirẽ mage mit kleiner můhe vnnd behende/ wie jhr brauch hernach gelehrt wirdt.

Von außziehung der Wurtzel.

NVn von der außziehung der Wurtzel/ quadrata/ den grundt mit kurtzen Worten zu lehrnen/ wiewol obgesatzte Tafel gåntzlich das begeren entrichtet/ wie man

man solche Radices außziehen sol / Vnnd anfänglichen also : Suche ab vltimo centenario / das ist / vnder der letzsten vngeraden zahl in locis / Oder (nach dem die zahlen der stett / von der rechten zur lincken handt / die erst / dritt / fünfft / rc. oben mit puncten verzeichnet werden) vnder dem letzten puncten / eine zahl / welche / so sie in sich selbst gemultipliciret / hinweg neme das ob jhr stehet / alles / oder auff das genauwest / vnnd solche zahl sol gesetzt werden nach einer Linien / Darnach solche zahl geduplirt / vnd das Duplat setze vnder die nechste ziffer darnach / vnd suche aber ein zahl vnder der nechsten Figur / oder vnder dem nechsten puncten darnach folgendt / welche zum ersten gemultiplicirt wirt in das duplat / vnd darnach in sich selber / daß sie alles hinweg nemme das ob jhr stehet / oder auff das genauwest. Vnd dann solch zahl auch setze nach der Lini zur andern / darnach solche zahlen alle nach der Lini duplir / Vnnd solch duplat setze vnder die nechst ziffer darnach / dann aber vnder der nechsten Figuren / oder dem nechsten pnncten / suche abermals ein zahl / welche gemultiplicirt wirdt in alle duplat / vnnd zuletzst in sich selb / daß sie hinweg nem / alle öbersten zahl / oder auffs genauwest / vnnd dann auch nach der Lini setzen / brauchs so lang biß du zum end kommest / Gehet dañ solche zahl gerad auff / so ist diese zahl recht quadrat / Wo nicht / so ist die zahl nach gedachter Lini gesetzt / die wurtzel deß grösten quadrats derselben erst vorgegebnen zahl.

¶ Exempel.

Ich wil außziehen die wurtzel von 66049. So hebe an vnder der letzsten vngeraden / verstehe in locis/ als vnder 6. (das ist hie vnder dem dritten verzeichnus puncten) vñ such ein zahl/die sich selb multiplicirt/ vñ das öberst hinweg nemme auff das genauwest / vnd ist 2/ dann 2 mal 2 ist 4. von 6. bleiben 2. vnd darnach die gefundene zahl/ als 2. setze nach einer Lini/ also:

2.
6 6 0 4 9 (2 Inuent.
4 Duplat.

Das Inuent duplir / vnd solch Duplat setz vnder die nechste ziffer darnach / Aber vnder der andern ziffer / als vnder 0. oder vnder dem andern puncten /suche ein zahl/welche ist 5. so sie gemultiplicirt wirdt in das Duplat / vnd in sich selb/ daß sie hinweg nẽme alles was ob jhr stehet/ oder auff das genauwest / so bleibet noch 35. vnd solche zahl / als 5. setze auch nach der Lini zu der andern/vnd solche zahl nach der Lini gesetzet/alle/ duplir/werden 50. vnd diese setz vnder die nechste Figur darnach / als vnder 4. vnnd steht also:

2 3 5
6 6 0 4 9 (2
4 5 0

Darnach aber vnder der letzsten darauff folgenden/ jetzt vnder dem ersten punct/ als vnder 9. such ein zahl/ welche ist 7. so sie gemultiplicirt wirdt in 50. vnnd darnach in sich selb/ werden 3549. nimpt gleich das ober hinweg/ darumb ist diese zahl ein quadrat/ vnd setz also die 7. auch nach der Linien der andern/ steht also:

2 3 8
6 6 0 4 9 (257 Radix.
4 8 0

Folget darumb daß 257. ist Radix von dem Quadrat/ als von 66049. Proba:

So du diß Wurtzel/ oder Radix/ nemlich/ 257. in sich selbs multiplicirst/ so kommen wider 66049.

Gehet es aber nicht gerad auff/ so multiplicir gleichwol den gefundenen Radicem in sich selbst. Addir darzu was vberblieben/ Zeiget dann das Collect/ oder die Summam/ die erste Zahl/ so ist es auch recht gemacht.

Also ist diß mein meynung von den Wurtzeln außzuziehen/ beschrieben/ vnnd meinem verheissen nach/ außgelegt.

Von dem Medial.

Das Medial mach also: Nimb ein geuierdt stäblin/vngefährlich anderthalber spann lang/theil es in gleiche theil/vnd bey der mitte mach ein gemerck zu rings vmb/ dabey mans kennet. Darnach theil von diesem gemerck auff ein jedes orth mit einem Circkel 9. 10. oder 11. gleiche theil/nach gutem willen auff allen orthen/Theil dann darnach auff einer seiten von diesem mittel jedes theil von dem mittel auff beyden orthen/in vier gleiche theil/Darnach wende das Medial vmb/vnd theile dann das ander theil daruon/aber bey den seitten/auch in solche vier theil/Vnd also wende das Medial vmb auff alle orth/so lang biß du zum ende kommest/so ist es recht außgetheilt/vnd ist das Medium gar leichtlich darmit zu nemen/von einer jeden tieffe/Spont vnd Bodem/sie sey weit oder nahe von einander. Diß hie oben ist sein form.

Gebrauch deß Medials.

STöß die Ruth mit dem ersten Diameter ins Vaß/ zum Spont hinein / vnd nimb iñwendig deß Sponts die tieffe/ vnnd verzeichen sie mit einem Kreidenstrich. Darnach nimb die höhe beyder Bödem / sind sie nicht gleich/ so medir es. Dann medir Spont vnnd Bodem tieffe zusamen mit dem Medial/ vnd thu die alten strich auß. Solcher Kreidenstrich wirdt geneñt die corrigirt tieffe / die merck welchem Register sie am nechsten falle. Darnach nimb die läng deß Vaß / ziehe beyde Gargeln daruon/ vnnd auch einer Gargeln läng für die dicke beyder Bödem / vnd verzeichen solche läng auff die seitte/ da das Register oben an der Ruthen steht / das dann die corrigirt tieffe anzeiget/ so sihest du wie viel das Vaß helt.

Zum Exempel. Die corrigirt tieffe sey gefallen auff das Register 3. vnd das Vaß sey Ruthen lang/ vnnd wider hinein gefallen fünff länge/ so helt das Vaß gerad 4. vnd ½. Ohme.

Item die corrigirt tieffe fall auff ein Register wo sie wölle/ so findet man allwegen bey der länge deß Vaß auff der seitten da dasselbig Register stehet/ wie viel das Vaß helt.

M v Gefellt

Gefellt aber die corrigirt tieffe vnder ein Register / so nimb acht / wie viel punct / vnd nimb dann die läng deß Vaß / vnd verzeichen sie auff die seitten deß Registers / welchem die corrigirte tieffe am nechsten stehet / vnd gehe dann vmb so viel punct zu růck / vnd darnach fůr jede vberläng (das ist / vmb wie viel das Vaß die Ruthen vberlängt) fůr jeden puncten so viel Maß / auch zu růck / So hast du der Vaß continent oder innhalt.

Deß ein Exempel. Die corrigirt tieffe sey gefallen zween punct vnder das Register 4. vnd das Vaß sey Ruthen lang / vnnd wider hinein gefallen 5. länge. So greiff am ersten zween punct zurůck von der verzeichneten Vaß läng / greiffe dann auch zurůck 2. Maß / fůr jede vberläng / so thun die 5. längen 10. Maß / ist auch ein punct / dann ein punct thut 10. Maß. So findest du in dem Vaß sechsthalb Ohm / vnnd 10. Maß.

Fellt aber die corrigirt tieffe vber ein Register etlich punct / so verzeichen aber die länge deß Vaß auff die seitten / da solch Register stehet / vnd greiff dann auch vmb so viel punct hinůber / als der punct sind / vber das Register / vnd greiff auch fůr jede vberlänge so viel Maß hinůber / wie viel dann der puncten sind / So hast du das continent deß Vaß.

Deß ein Exempel. Die corrigirt tieffe sey gefallen dritthalben puncten vber das Register 2. vnd das Vaß sey Ruthen lang / vnd wider hinein gefallen zwo läng/ So greiff am ersten dritthalben puncten hinüber / vber die verzeichnet länge / vnd darnach dritthalbe Maß für jede vberläng / so thun die zwo vberlänge 5. Maß. Also findest du in dem Vaß dritthalbe Ohme/ vnd 22. Maß/ vngefährlich.

Also seind gar behend zu visiren alle Vaß mit schlechter weise / welche länger seind dann die Ruth. Das probiret man dann also/ so man tieffe vnd länge mit einander multipliciret.

¶ So aber ein Väßlin nicht Ruthen lang ist/so multipliciret man schlecht die puncten der tieffe mit den längen / so hat man deß Väßlins continent.

Deß ein Exempel. Die corrigirt tieffe eines Väßlins sey gefallen einen punct vbers Register 1. so hat es 9. punct in der tieffe / dann es seyn allwegen 8. puncten zwischen einem Register.

Vnd ich setz das Väßlin hab 7. länge / multiplicir 7. mit 9. Sprich 7 mal 9 ist 63. Maß/ so viel helt daß Väßlin.

¶ Ein ander Exempel.

Die corrigirt tieffe sey gefallen auff den sechsten

sten puncten in der tieffe/ vnd das Väßlin habe fünff läng. So sprich: 5 mal 6 ist 30 Maß/ so viel Maß helts Väßlin.

Wann es aber nicht auff gleiche Puncten in der tieffe fellt/ oder auch nicht auff gleiche läng/ daß es gebrochen ist/ als in diesem Exempel.

Die corrigirt tieffe sey gefallen auff den 7. Puncten in der tieffe/ vnd das Väßlin helt 6. länge vnd $\frac{1}{3}$. So mach es also: Multiplicir vor das gantz/vnd sprich: 6 mal 7 ist 42 Maß. Darnach nimb $\frac{1}{3}$. von 7. ist 2. Maß vnd $\frac{1}{3}$ die thu zu den 42. Massen/ Also helt das Väßlin 44. Maß/vnd $\frac{1}{3}$. einer Maß.

Ein ander Exempel. Die corrigirt tieffe fall auff den sechsten Punct inn der tieffe/ vnd ein halben Punct hinüber/ vnnd das Väßlin hett 6. länge/ So multiplicir 6 mit 6/ werden 36. Maß/ nimb dann ein halbes von 6/ ist 3. Maß/ die addir zu den vorigen 36. Also helt diß Väßlin 39. Maß. Also dergleichen.

Wann es aber in der tieffe vnd auch in der läng gebrochen ist/ das ist/ wann es nicht auff gleiche Punct fellt/ vnd auch nicht auff gerade oder gleiche länge/ dem thu also: Multiplicir das gantze vor mit einander/ vnnd dann eines bruch mit deß andern gantzen/ vnd zuletzst einen bruch mit dem andern/ so findest du die Continent deß Väßlins.

¶ Ein

¶ Ein Exempel.

Die tieffe fiel einen halben punct vber den 7. punct/vnd das Väßlin hett 6.läng/vnd darzu $\frac{1}{3}$. einer länge. So multiplicir vor die gantzen mit einander/als 6 mal 7 ist 42 Maß/darnach einen jeden bruch in deß andern gantze zahl / also/ $\frac{1}{2}$.von 6. ist 3. Maß/vnd $\frac{1}{3}$.von 7. ist 2.Maß/ vnd $\frac{1}{3}$. einer Maß/ vnd nimb dann einen bruch in dem andern also/ $\frac{1}{2}$. in $\frac{1}{3}$.ist $\frac{1}{6}$.einer Maß. Also helt das Väßlein 47.Maß/vnd $\frac{1}{2}$.Maß/ wann das $\frac{1}{6}$.vnd das $\frac{1}{3}$.machen $\frac{1}{2}$. Maß.

Wie du die Brüch setzen solt / folget/

	7	╳	$\frac{1}{2}$
	6		$\frac{1}{3}$
4	2		
	3		
	$2\frac{1}{3}$ / $\frac{1}{6}$.		

Facit 47$\frac{1}{2}$. Maß.

So man die Brüch also nidersetzt/ seind sie leicht zu multipliciren / gleich wie die strichlin zeigen/ vnd wie obgemeldt.

Also ist kürtzlich gesetzt der Brüch multiplicirung auff das aller behendest / vnd gerecht.

¶ Nota.

Alle

Alle kunst deß visirens ligt allein im medi-
ren / darumb was man thun wil / sol man mit
fleiß mediren / vnd sonderlich wann ein Vaß
ein vngeschickte proportion hat / Als wann es
vber die gewonheit zu kurtz oder zu lang ist / sei-
ner tieffe nach.

Dem thu also: Nimb die tieffe deß Sponts
die behalt / Darnach nimb auch der Bödem hö-
he / die merck auch / Dann nimb zwischen diesen
zweyen gemercken das recht mittel durch das
mittelmaß / vnd dasselbig merck / vnd setz es sey A.

Darnach merck wie vil puncten sey zwischen
dem Spont schmitz / vnd Bödem höhe / dieselbi-
gen medir auch in zahlen / vnd dassebig mittel
sey B. Vnd zum letzsten theil diß vnderschieds /
als zwischen A. vnd B. in drey gleiche theil / vnd
addire dem A. ein solch drittheil / das ist dann
die rechte tieffe gerechtfertigt / das Vaß sey von
was grösse es sey.

Die multiplicir dann mit den längen / so hast
du den rechten innhalt. Oder machs durch die
puncten deß innhalts / gilt gleich.

Vnd solcher Proceß trifft allwegen gleich
zu / vnd wisse / daß diß mittel auß grosser heimlich-
heit genommen ist.

Ob du aber daran zweiffelst / so beschütte
mancherley Vaß / vieler innhalt / wirst du die
warheit finden.

Von

Von dem leeren theil deß Vaß.

Stoß die Ruth in das Vaß/ vnd mach ein kreidenstrich iñwendig deß sponts/ auch ein kreidenstrich zu der netze/ Vnd zwischen diesen zweyen kreidenstrichen nim̃ das mittel/ Vnd zwischen der Bödem höhe/ vnd diesem mittel nim̃ abermal das mittel/ vnd zwischen diesem mittel vnd aber der netze nimb zuletzt das mittel. Vnd solch letzst mittel multiplicir in die läng deß Vaß/ so ist es recht vberschlagen/ wie viel noch darinn ist. Das zeuch dañ ab von dem iñhalt deß gantzen Vaß/ so wirstu finden/ wie viel es leer oder wohn stehet/ das merck mit fleiß/ dann es ist seltzam vnd gut.

¶ Ein mercklich stück.

So du hast ein kurtze Ruthen/ vnd wilt ein groß Vaß visiren/ welches tieffe dein Ruthe mit nichte erreychen mag/ es halt gleich ein Fuder/ 10. 20. oder mehr/ es sey wie groß es wölle/ gilt alles gleich.

Dem thu also: Sencke ein Bleywag in das Vaß/ vnd medir dann Spont vnd Bodem zusamen/ in aller maß wie du ein Vaß sonst visirest/ vnd nimb die corrigirt tieffe/ der nimb eben acht. Darnach nimb dieselbige tieffe halb/ vnd halt sie auff dein Ruthen/ vnd nimb acht wie viel

punct

punct die Ruthe habe / bey solcher halb genommenen corrigirten tieffe / Dieselben puncten multiplicir dann mit den längen / so hast du deß Vaß continens oder innhalts ein viertheil / das multiplicir dann mit 4. so hast du deß gantzen Vaß innhalt.

Oder multiplicir die puncten die dir die halb corrigirte tieffe gibt / mit 4. vnnd das product multiplicire dann mit den längen deß Vaß / so hast du auch wie viel das Vaß helt.

Ist aber ein Vaß so groß / daß das halb theil der corrigirten tieffe auch zu lang ist auff die Ruthen / so nimbs noch einmal halb / das were dann $\frac{1}{4}$. der corrigirten tieffe / So findst du $\frac{1}{16}$. deß Vaß / So du dieselben puncten / die das viertheil von der corrigirten tieffe erlangt / multiplicirest mit der Vaß läng / vnd das product welches auß solcher multiplicirung erwachsen ist / ferner multiplicirest mit 16. so hast du deß Vaß gantzen begriff / continent oder innhalt.

Oder multiplicir die puncten der tieffe / die das vierdte theil der corrigirten tieffe erlanget / mit 16. vnd das erwachsen product mit den längen deß Vaß / so findest du aber die gantze innhaltung. Also mag man ein Vaß visiren / es sey wie groß es wölle.

Dann

Dann $\frac{1}{2}$.gibt $\frac{1}{4}$/vnd $\frac{1}{3}$.gibt $\frac{1}{9}$/ vnd $\frac{1}{4}$. gibt $\frac{1}{16}$/ vnd $\frac{1}{5}$.gibt $\frac{1}{25}$/vnd also fort an. Dann die Visir gehet auß den Radicibus oder wurtzeln / darum̃ so man $\frac{1}{2}$.in sich selb multiplicirt/kompt $\frac{1}{4}$. Deßgleichen so man $\frac{1}{3}$. in sich selb multiplicirt / so kompt $\frac{1}{9}$. So man multiplicirt $\frac{1}{5}$. in sich / kompt $\frac{1}{25}$/also weit/da kompt der verstandt her.

¶ Also ist kürtzlich beschrieben vnd begriffen/ die Confection der Visierruthen / mit jhrer vbung vnd gebrauch.

Ein feine behendigkeit vff Weinrechnũg/dem Fudermaß nach/ im kauff/wie theuwer die Maß kompt. Erstlich auff Franckfurter Eich vnnd Wehrung/Nemlich da helt

1. Fuder / 6. Ohm.
1. Ohm/ 20. Viertheil.
1. Viertheil/ 4. Maß.
1. Maß/ 4. Echtmaß.

¶ Die Müntz.

1. fl. 27. Albus oder Weißpfenning.
1. Albus/ 8. heller oder pfenning.
1. Thurnus gilt 18. pfenning.
1. Englisch/ 6. pfenning.

So du nun hast was ein Maß Wein gilt/ vnnd wilt rechnen / wie theuwer das Fudermaß kompt/thu jhm also:

Duplir oder zwifältige den werth der masen/ durch Gulden/Thurnes/vnd Englisch/Als/ so ein Maß gilt 10. dz. duplirs / als jetzt gemeldt/ kompt 20.fl.20. Thurnes/20. Englisch Thut in summa fl. 22. albus 6. für das Fudermaß.

¶ Auff ein ander weise.

Duplir die zahl der pfenning so viel ein Maß gilt mit Jochims Thalern / ziehe jedem Thaler ein alb. ab/den Thaler für 31. alb. gerechnet/So hast du den werth deß Fudermaß/ Als/ein Maß Wein für 10. dz. kompt das Fudermaß für 20. Thaler/weniger 20. alb. tregt wie auch obstehet. Also die Maß für 2. albus/das ist/16. dz. kompts Fudermaß für 32. Thaler/ minus 32. albus.

Item/ wie vil gulden das Fuder/eben also vil Schreckenberger gestehet die Ohme / vnnd das Viertheil halb so vil creutzer.

Als zum Exempel.

So ein Fuder Wein erkaufft würde vmb 32. flo. gestünde die Ohme 32. Schreckenberger/ das sind 5. flor. vnd 2. Schreckenberger / oder 9. alb. vnnd das Viertheil 16. creutzer/oder 4. patzen/ Kostet demnach die Maß ein gantzen patzen/oder 14 $\frac{2}{5}$. pfennings.

Wañ aber der Wein zu Zapffen verschenckt

wirdt/

wirdt/vnnd du woltest gern wissen/wie viel auß dem Fuder gelößt würde/Dieweil dañ das Fuder hat 540. Schenckmaß/so duplir die zahl der pfenning/vmb welche ein Maß hingegebē wirt/addir darzu den halben theil der pfenning einer Maß/Was kompt/So viel gulden werden auß einem Fuder gelößt. Exemplum.

Ich setze/ein Maß Wein werde zum Zapffen hingeben/oder außgeschenckt/vmb 18. dꝛ. Sprich: zweymal 18. vnd halb 18. Facit 45. sovil gulden sollen auß einem Fuder gelößt werden/das magst du probiren.

Ein ander Weinrechnūg/ auff Pfaltzgrävisch oder Hessisch wehrung/den fl. zu 26. alb. den alb. zu 12. hellern gerechnet.

Erstlich magstu die hlr. zu dꝛ. machen/als 3. hlr. für 2. dꝛ. vnd nach obgesetzter vnderrichtung rechnen. Vnd so 1. hlr. vberbleibt/leg darfür der gantzen sūma zu 20. alb. Wiltu es aber schlechtlich mit hlrn. rechnen/thu jm also: Für jeden hlr. setz 1. fl. vnd 14. alb. Als zum Exempel/So die Maß gilt 26. hlr. kompt das Fuder für 26. fl. vnd 26. mal 14. alb. Machet in einer sūma fl. 40. zu 26. alb. wie obstehet/jeden gulden gerechnet.

¶ Ende.

Franckfurter Müntz.

Wie viel die Albus Pfen-
ning haben.

Item/1.albus oder weißpfenning hat 8.dr.
Item/2.albus haben 16.dr.
Item/3.albus haben 24.dr.
Item/4.albus haben 32.dr.
Item/5.albus haben 40.dr.
Item/6.albus haben 48.dr.
Item/7.albus haben 56.dr.
Item/8.albus haben 64.dr.
Item/9.albus haben 72.dr.
Item/10.albus haben 80.dr.

Wie viel die Gulden Al-
bus haben.

Item/1.gulden hat 27. albus.
Item/2.gulden haben 54. albus.
Item/3.gulden haben 81. albus.
Item/4.gulden haben 108. albus.
Item/5.gulden haben 135. albus.
Item/6.gulden haben 162.albus.
Item/7.gulden haben 189.albus.
Item/8.gulden haben 216.albus.

Item/

Item/9.gulden haben 243. albus.
Item/10.gulden haben 270.albus.

Wie viel die Schilling Pfenning haben.

Item/1.schilling hat 9. dr.
Item/2.schilling haben 18.dr.
Item/3.schilling haben 27.dr.
Item/4.schilling haben 36.dr.
Item/5.schilling haben 45.dr.
Item/6.schilling haben 54.dr.
Item/7.schilling haben 63.dr.
Item/8.schilling haben 72.dr.
Item/9.schilling haben 81.dr.
Item/10.schilling haben 90.dr.

Wie viel die Gulden Schilling haben.

Item/1.gulden hat 24.ß.
Item/2.gulden haben 48.ß.
Item/3.gulden haben 72.ß.
Item/4.gulden haben 96.ß.
Item/5.gulden haben 120.ß.
Item/6.gulden haben 144.ß.
Item/7.gulden haben 168.ß.
Item/8.gulden haben 192.ß.
Item/9.gulden haben 216.ß.
Item/10.gulden haben 240.ß.

Wie viel die Gulden Pfen-
ning haben.

Item/1.gulden hat 216.dz.
Item/2.gulden haben 432.dz.
Item/3.gulden haben 648.dz.
Item/4.gulden haben 864.dz.
Item/5.gulden haben 1080.dz.
Item/6.gulden haben 1296.dz.
Item/7.gulden haben 1512.dz.
Item/8.gulden haben 1728.dz.
Item/9.gulden haben 1944.dz.
Item/10.gulden haben 2160.dz.

Wie viel die theil eins Albus
Pfenning haben.

Item/$\frac{1}{2}$.albus ist 4 dz.
Item/$\frac{1}{4}$.albus ist 2.dz.
Item/$\frac{3}{4}$.albus ist 6.dz.
Item/$\frac{1}{8}$.albus ist 1.dz.
Item/$\frac{3}{8}$.albus ist 3.dz.
Item/$\frac{5}{8}$.albus ist 5.dz.
Item/$\frac{7}{8}$.albus ist 7.dz.

Wie viel die theil eins Guldens
Albus haben.

Item/$\frac{1}{2}$.guldens ist 13.albus 4.dz.
Item/$\frac{1}{3}$.guldens ist 9.albus.
Item/$\frac{2}{3}$.guldens ist 18.albus.

Item/

Item/ $\frac{1}{4}$.guldens iſt 6. albus 6. dr.
Item/ $\frac{3}{4}$.guldens iſt 20.albus 2.dr.
Item/ $\frac{1}{6}$.guldens iſt 4.albus 4.dr.
Item/ $\frac{5}{6}$.guldens iſt 22.albus 4. dr.
Item/ $\frac{1}{8}$.guldens iſt 3.albus 3.dr.
Item/ $\frac{3}{8}$.guldens iſt 10.albus 1.dr.
Item/ $\frac{5}{8}$.guldens iſt 16.albus 7.dr.
Item/ $\frac{7}{8}$.guldens iſt 23.albus 5.dr.
Item/ $\frac{1}{9}$. guldens iſt 3. albus.
Item/ $\frac{2}{9}$.guldens iſt 6. albus.
Item/ $\frac{4}{9}$.guldens iſt 12.albus.
Item/ $\frac{5}{9}$.guldens iſt 15. albus.
Item/ $\frac{7}{9}$. guldens iſt 21.albus.
Item/ $\frac{8}{9}$.guldens iſt 24. albus.

Wie viel die theil eins ſchillings pfenning haben.

Item/ $\frac{1}{2}$. ſchillings iſt 4.dr.1.hlr.
Item/ $\frac{1}{3}$. ſchillings iſt 3.dr.
Item/ $\frac{2}{3}$.ſchillings iſt 6.dr.
Item/ $\frac{1}{4}$.ſchillings iſt 2.dr.0$\frac{1}{2}$.hlr.
Item/ $\frac{3}{4}$.ſchillings iſt 6.dr.1$\frac{1}{2}$.hlr.
Item/ $\frac{1}{6}$.ſchillings iſt 1.dr.

Wie viel die theil eins gulden ſchilling haben.

Item/ $\frac{1}{2}$. guldens iſt 12. ß.
Item/ $\frac{1}{2}$. guldens iſt 8.ß.

Item/$\frac{2}{3}$.gulden ist 16.ß.
Item/$\frac{1}{4}$.gulden ist 6.ß.
Item/$\frac{3}{4}$.gulden ist 18.ß.
Item/$\frac{1}{6}$.gulden ist 4.ß.
Item/$\frac{5}{6}$.gulden ist 20.ß.
Item/$\frac{1}{8}$.gulden ist 3.ß.
Item/$\frac{2}{8}$.gulden ist 9.ß.
Item/$\frac{5}{8}$.gulden ist 15.ß.
Item/$\frac{7}{8}$.gulden ist 21.ß.
Item/$\frac{1}{9}$.gulden ist 2.ß.6.dr.
Item/$\frac{1}{9}$.gulden ist 5.ß.3.dr.
Item/$\frac{4}{9}$.gulden ist 10.ß.6.dr.
Item/$\frac{5}{9}$.gulden ist 13.ß.3.dr.
Item/$\frac{7}{9}$.gulden ist 18.ß.6.dr.
Item/$\frac{8}{9}$.gulden ist 21.ß.3.dr.

Wie viel die theil eins Guldens Pfenning haben.

Item/$\frac{1}{2}$.guldens ist 108.dr.
Item/$\frac{1}{3}$.guldens ist 72.dr.
Item/$\frac{1}{4}$.guldens ist 54.dr.
Item/$\frac{1}{6}$.guldens ist 36.dr.
Item/$\frac{1}{8}$.guldens ist 27.dr.
Item/$\frac{1}{9}$.guldens ist 24.dr.
Item/24.albus ist 1.fl.zu Meyntz.
Item/26.albus ist 1.fl. zu Wormbs/ Heydelberg/vnd in Hessen.
Item/26.albus 2.dr. seyn 1.fl. zu Landauw.

Item/

Item/1.albus hat 12. Binger heller.
Item/2.dz.dieser art/thun 3. Binger heller.

Maß.

Item/80. Maß ist 1. Ohm zu Franckfurt/nach der Eich vnd Visier.
Item/90. Maß thun 1. Ohm/so man schenckt.
Item 4. Maß thun ein Viertheil.
Item/6. Ohm thun 1. Fuder.
Item/1. Maß hat 4. åchtmaß.
Item/1. Fuder hat 480. Maß.
Item/1. Fuder hat 120. viertheil nach der visier.
Item/1. Fuder hat 540. Maß so man schenckt.
Item/1. Fuder hat als dann 135. Viertheil.

Wie viel die theil einer Ohm Viertheil halten.

Item/10. viertheil ist $\frac{1}{2}$. ohm.
Item/$\frac{1}{3}$. ohm ist $6\frac{2}{3}$. viertheil.
Item/$\frac{1}{4}$. ohm ist 5. viertheil.
Item/$\frac{1}{5}$. ohm ist 4. viertheil.
Item/$\frac{1}{6}$. ohm ist $3\frac{2}{3}$. viertheil.
Item/$\frac{1}{7}$. ohm ist $2\frac{6}{7}$. viertheil.
Item/$\frac{1}{8}$. ohm ist $2\frac{1}{2}$. viertheil.
Item/$\frac{1}{9}$. ohm ist $2\frac{2}{9}$. viertheil.
Item/$\frac{1}{10}$. ohm ist 2. viertheil.

Wie viel die theil eins Fuders Maß haben.

Item/$\frac{1}{2}$.fuder ist 240.maß.
Item/$\frac{1}{3}$.fuder ist 160.maß.
Item/$\frac{1}{4}$.fuder ist 120.maß.
Item/$\frac{1}{5}$.fuder ist 96.maß.
Item/$\frac{1}{6}$.fuder ist 80.maß.
Item/$\frac{1}{7}$.fuder ist 68.$\frac{4}{7}$.maß.
Item/$\frac{1}{8}$.fuder ist 60.maß.
Item/$\frac{1}{9}$.fuder ist 53$\frac{1}{3}$.maß.
Item/$\frac{1}{10}$.fuder ist 48.maß.

Wie viel die theil eins fuders viertheil haben.

Item/$\frac{1}{2}$.fuder ist 60.viertheil.
Item/$\frac{1}{3}$.fuder ist 40.viertheil.
Item/$\frac{1}{4}$.fuder ist 30.viertheil
Item/$\frac{1}{5}$.fuder ist 24.viertheil.
Item/$\frac{1}{6}$.fuder ist 20.viertheil.
Item/$\frac{1}{7}$.fuder ist 17$\frac{1}{7}$.viertheil.
Item/$\frac{1}{8}$.fuder ist 15.viertheil.
Item/$\frac{1}{9}$.fuder ist 13$\frac{1}{3}$.viertheil.
Item/$\frac{1}{10}$.fuder ist 12.viertheil.

Treyd maß.

Item/1.Achtel hat 4.Sümmern.
Item/1.Sümmern hat 4.Sechter.
Item/1.Achtel hat 16.Sechter.

Feldtmaß.

Item/12. Schuch ist ein Ruth.
Item/160. Ruthen seyn ein Morgen.
Item/30. Morgen seyn ein Hublandes.

Nota.

Wiewol die Ruthen 12½. Schuch hat/so wirdt sie doch nicht in Schuh/sondern in viertheil vnd sechzehen theil vnderschieden.

Gewicht.

Wie viel die theil eins Centners Pfundt halten.

Item/ein Centner hat zu Franckfurt vnd Nürenberg 100.lb.
Item/½.centners ist 50.lb.
Item/⅓.centners ist 33⅓.lb.
Item/¼.centners ist 25.lb.
Item/¾.centners ist 75.lb.
Item/⅕.centners ist 20.lb.

Item/

Item/$\frac{2}{5}$.centners ist 40.lb.
Item/$\frac{3}{5}$.centners ist 60.lb.
Item/$\frac{4}{5}$.centners ist 80.lb.
Item/$\frac{1}{6}$.centners $16\frac{2}{3}$.lb.
Item/$\frac{5}{6}$.centners ist $83\frac{1}{3}$.lb.
Item/$\frac{1}{8}$.centners ist $12\frac{1}{2}$.lb.
Item/$\frac{7}{8}$.centners ist $87\frac{1}{2}$.lb.
Item/$\frac{1}{9}$.centners ist $11\frac{1}{9}$.lb.
Item/$\frac{1}{10}$.centners ist 10.lb.
Item/$\frac{9}{10}$.centners ist 90.lb.

Schilling in Goldt.

Wieviel die Schilling Heller haben.

Item/1.schilling hat 12.hlr.
Item/2.schilling haben 24.hlr.
Item/3.schilling haben 36.hlr.
Item/4.schilling haben 48.hlr.
Item/5.schilling haben 60.hlr.
Item/6.schilling haben 72.hlr.
Item/7.schilling haben 84.hlr.
Item/8.schilling haben 96.hlr.
Item/9.schilling haben 108.hlr.
Item/10.schilling haben 120.hlr.

Wie

Wie viel die Gulden Schilling haben.

Item/1.gulden hat 20.ß.
Item/2.gulden haben 40.ß.
Item/3.gulden haben 60.ß.
Item/4.gulden haben 80.ß.
Item/5.gulden haben 100.ß.
Item/6.gulden haben 120.ß.
Item/7.gulden haben 140.ß.
Item/8.gulden haben 160.ß.
Item/9.gulden haben 180.ß.
Item/10.gulden haben 200.ß.

Wie viel die Gulden Heller haben.

Item/1.gulden hat 240.hlr.
Item/2.gulden haben 480.hlr.
Item/3.gulden haben 720.hlr.
Item/4.gulden haben 960.hlr.
Item/5.gulden haben 1200.hlr.
Item/6.gulden haben 1440.hlr.
Item/7.gulden haben 1680.hlr.
Item/8.gulden haben 1920.hlr.
Item/9.gulden haben 2160.hlr.
Item/10.gulden haben 2400.hlr.

Wie viel die theil eines schillings heller haben.

Item/ $\frac{1}{2}$. schillings ist 6. hlr.
Item/ $\frac{1}{3}$. schillings ist 4. hlr.
Item/ $\frac{2}{3}$. schillings ist 8. hlr.
Item/ $\frac{1}{4}$. schillings ist 3. hlr.
Item/ $\frac{3}{4}$. schillings ist 9. hlr.
Item/ $\frac{1}{6}$. schillings ist 2. hlr.
Item/ $\frac{5}{6}$. schillings ist 10. hlr.
Item/ $\frac{1}{8}$. schillings ist $1\frac{1}{2}$. hlr.
Item/ $\frac{2}{8}$. schillings ist $10\frac{1}{2}$. hlr.

Wie viel die theil eins gulden schilling haben.

Item/ $\frac{1}{2}$. guldens ist 10. ß.
Item/ $\frac{1}{3}$. guldens ist 6. ß. 8. hlr.
Item/ $\frac{2}{3}$ guldens ist 13. ß. 4. hlr.
Item/ $\frac{1}{4}$. guldens ist 5. ß.
Item/ $\frac{3}{4}$. guldens ist 15. ß.
Item/ $\frac{1}{5}$ guldens ist 4. ß.
Item/ $\frac{2}{5}$. guldens ist 8. ß.
Item/ $\frac{3}{5}$. guldens ist 12. ß.
Item/ $\frac{4}{5}$. guldens ist 16. ß.
Item/ $\frac{1}{6}$. guldens ist 3. ß. 4. hlr.
Item/ $\frac{5}{6}$. guldens ist 10. ß. 8. hlr.
Item/ $\frac{1}{8}$. guldens ist 2. ß. 6. hlr.

Item/

Item/ $\frac{3}{8}$.guldens ist 7.ß.6.hlr.
Item/ $\frac{5}{8}$.guldens ist 12.ß.6.hlr.
Item/ $\frac{7}{8}$.guldens ist 17.ß.6.hlr.
Item/ $\frac{1}{10}$.guldens ist 2.ß.
Item/ $\frac{7}{10}$.guldens ist 14.ß.

Wie viel die theil eins guldens heller haben.

Item/ $\frac{1}{2}$.guldens hat 120.hlr.
Item/ $\frac{1}{3}$.guldens hat 80.hlr.
Item/ $\frac{2}{3}$.guldens ist 160. hlr.
Item/ $\frac{1}{4}$.guldens ist 60.hlr.
Item/ $\frac{3}{4}$.guldens ist 180.hlr.
Item/ $\frac{1}{5}$.guldens ist 48.hlr.
Item/ $\frac{2}{5}$.guldens ist 96. hlr.
Item/ $\frac{3}{5}$.guldens ist 144.hlr.
Item/ $\frac{4}{5}$ guldens ist 192.hlr.
Item/ $\frac{1}{6}$.guldens ist 40. hlr.
Item/ $\frac{5}{6}$. guldens ist 200. hlr.
Item/ $\frac{1}{8}$.guldens ist 30.hlr.
Item/ $\frac{3}{8}$.guldens ist 90.hlr.
Item/ $\frac{5}{8}$. guldens ist 150. hlr.
Item/ $\frac{7}{8}$.guldens ist 210.hlr.
Item/ $\frac{1}{9}$.guldens ist $26\frac{2}{3}$.hlr.
Item/ $\frac{1}{10}$.guldens ist 24.hlr.
Item/ $\frac{9}{10}$.guldens ist 216.hlr.

Müntz zu Nůrenberg/ auch in Francken/Důringen/ vnd Meissen.

Wie viel die Pfundt Pfenning haben.

Item/30.pfenning ist 1.lb.
Item/60.pfenning ist 2.lb.
Item/90.pfenning ist 3.lb.
Item/120.pfenning ist 4.lb.
Item/150.pfenning ist 5.lb.
Item/180.pfenning ist 6.lb.
Item/210.pfenning ist 7.lb.
Item/240.pfenning ist 8.lb.
Item/270.pfenning ist 9.lb.
Item/300.pfenning ist 10.lb.

Wie viel die Gulden Pfenning haben.

Item/zu Nůrenberg/in Důringen/Francken/ vnd Meissen/hat der gulden 252.dꝛ.
Item/2.gulden haben 504.dꝛ.
Item/3.gulden haben 756.dꝛ.
Item/4.gulden haben 1008.dꝛ.
Item/5.gulden haben 1260.dꝛ.
Item/6.gulden haben 1512.dꝛ.
Item/7.gulden haben 1764.dꝛ.
Item/8.gulden haben 2016.dꝛ.

Item/

Item 9.gulden haben 2268.dr.
Item 10.gulden haben 2520.dr.

Wie viel die theil eins Güldens lb. vnd pfenning haben.

Item 1.gulden hat zu Nürenberg vnd in Francken 8.lb. 12. dr.
Item $\frac{1}{2}$ guldens ist 4. lb.6.dr.
Item $\frac{1}{3}$.guldens ist 2. lb.24.dr.
Item $\frac{2}{3}$.guldens ist 5.lb.18.dr.
Item $\frac{1}{4}$.guldens ist 2.lb.3. dr.
Item $\frac{3}{4}$.guldens ist 6.lb.9.dr.
Item $\frac{1}{6}$.guldens ist 1.lb.12.dr.
Item $\frac{5}{6}$. guldens ist 7.lb.
Item $\frac{1}{7}$.guldens ist 1. lb.6.dr.
Item $\frac{2}{7}$ guldens ist 2.lb.12.dr.
Item $\frac{3}{7}$.guldens ist 3.lb.18.dr.
Item $\frac{4}{7}$.guldens ist 4.lb.24.dr.
Item $\frac{5}{7}$.guldens ist 6.lb.
Item $\frac{1}{8}$.guldens ist 1. lb.1.dr. 1. hlr.
Item $\frac{3}{8}$.guldens ist 3.lb. 4.dr.1.hlr.
Item $\frac{5}{8}$.guldens ist 5.lb.7.dr. 1.hlr.
Item $\frac{7}{8}$.guldens ist.7.lb.10.dr.1.hlr.
Item $\frac{1}{9}$.guldens ist 0. lb.28. dr.
Item $\frac{7}{9}$. guldens ist 6.lb,16.dr.

Wie viel die theil eins guldens zu Nürenberg/in Francken/Düringen/ vnd Meissen pfenning haben.

Item $\frac{1}{2}$.guldens ist 126.₰.
Item $\frac{1}{3}$. guldens ist 84.dz.
Item $\frac{2}{3}$. guldens ist 168. dz.
Item $\frac{1}{4}$. guldens ist 63. dz.
Item $\frac{3}{4}$. guldens ist 189.dz.
Item $\frac{1}{6}$. guldens ist 42.dz.
Item $\frac{5}{6}$.guldens ist 210.dz.
Item $\frac{1}{7}$. guldens ist 36.dz.
Item $\frac{2}{7}$. guldens ist 72. dz.
Item $\frac{3}{7}$.guldens ist 108.dz.
Item $\frac{4}{7}$. guldens ist 144. dz.
Item $\frac{5}{7}$. guldens ist 180. dz.
Item $\frac{6}{7}$. guldens ist 216.dz.
Item $\frac{1}{8}$.guldens ist 31.dz.1.hlr.
Item $\frac{3}{8}$.guldens ist 94. dz. 1.hlr.
Item $\frac{5}{8}$.guldens ist 157.dz.1.hlr.
Item $\frac{7}{8}$.guldens ist 220.dz.1.hlr.
Item $\frac{1}{9}$.guldens ist 28. dz.
Item $\frac{7}{9}$.guldens ist 196. dz.

Wie viel die theil eines pfundts pfenning haben.

Item

Item $\frac{1}{2}$.pfunds ist 15.dr.
Item $\frac{1}{3}$.pfunds ist 10.dr.
Item $\frac{2}{3}$.pfunds ist 20.dr.
Item $\frac{1}{4}$. pfunds ist 7.dr.1.hlr.
Item $\frac{3}{4}$.pfunds ist 22.dr.1.hlr.
Item $\frac{1}{5}$.pfunds ist 6.dr.
Item $\frac{1}{5}$.pfunds ist 12.dr.
Item $\frac{3}{5}$.pfunds ist 18 dr.
Item $\frac{4}{5}$.pfunds ist 24.dr.
Item $\frac{1}{6}$.pfunds ist 5. ₰.
Item $\frac{5}{6}$.pfunds ist 25.₰.
Item $\frac{1}{7}$. pfunds ist $4\frac{2}{7}$. ₰.
Item $\frac{1}{8}$. pfunds ist $3\frac{3}{4}$.₰.
Item $\frac{1}{9}$. pfunds ist $3\frac{1}{3}$. ₰.
Item $\frac{1}{10}$. pfunds ist 3. ₰.
Item $\frac{7}{10}$. pfunds ist 21. ₰.

Wie viel die groschen pfenning haben.

Item 1. grosch hat 12. pfen.
Item 2.groschen haben 24.pfen.
Item 3. groschen haben 36.pfen.
Item 4.groschen haben 48. pfen.
Item 5.groschen haben 60.pfen.
Item 6.groschen haben 72.pfen.
Item 7.groschen haben 84.pfen.
Item 8.groschen haben 96.pfen.
Item 9.groschen haben 108.pfen.

Item 10. groschen haben 120. ₰.

Wie viel die Gulden groschen haben.

Item 1. gulden hat 21. groschen.
Item 2. gulden haben 42. gr.
Item 3. gulden haben 63. gr.
Item 4. gulden haben 84. gr.
Item 5. gulden haben 105. gr.
Item 6. gulden haben 126. gr.
Item 7. gulden haben 147. gr.
Item 8. gulden haben 168. gr.
Item 9. gulden haben 189. gr.
Item 10. gulden haben 210. gr.

Wie viel die theil der groschen pfenning haben.

Hiemit helt es sich gleich / wie da man rechnet wie viel die schilling in Goldt heller haben/ dann die theil werden auß einer zahl / nemlich 12. genommen.

Wie viel die theil der gulden groschen haben.

Item $\frac{1}{2}$. guldens ist 10. groschen 6. ₰.
Item $\frac{1}{3}$. guldens ist 7. groschen.
Item $\frac{2}{3}$. guldens ist 14. groschen.
Item $\frac{1}{4}$. guldens ist 5. groschen 3. ₰.

Item

Item $\frac{3}{4}$. guldens ist 15. groschen 9. ₰.
Item $\frac{1}{6}$. guldens ist 3. groschen 6. ₰.
Item $\frac{5}{6}$. guldens ist 17. groschen 6. ₰.
Item $\frac{1}{7}$. guldens ist 3. gr.
Item $\frac{2}{7}$. guldens ist 6. gr.
Item $\frac{3}{7}$. guldens ist 9. gr.
Item $\frac{4}{7}$. guldens ist 12. gr.
Item $\frac{5}{7}$. guldens ist 15. gr.
Item $\frac{6}{7}$. guldens ist 18. gr.
Item $\frac{1}{8}$. guldens ist 2. gr. 7. pfenning 1. hlr.
Item $\frac{3}{8}$. guldens ist 7. groschen 10. dr. 1. hlr.
Item $\frac{5}{8}$. guldens ist 13. groschen 1. dr. 1. hlr.
Item $\frac{7}{8}$. guldens ist 18. groschen 4. dr. 1. hlr.
Item $\frac{1}{9}$. guldens ist 2. groschen 4. dr.
Item $\frac{2}{9}$. guldens ist 4. groschen 8. dr.
Item $\frac{4}{9}$. guldens ist 9. groschen 4. dr.
Item $\frac{5}{9}$. guldens ist 11. groschen 8. dr.
Item $\frac{7}{9}$. guldens ist 16. groschen 4. ₰.
Item $\frac{8}{9}$. guldens ist 18. groschen 8. ₰.

Wie viel die Gulden patzen haben.

Item 15. patzen ist ein fr.
Item 2. gulden haben 30. patzen.
Item 3. gulden haben 45. patzen.
Item 4. gulden haben 60. patzen.
Item 5. gulden haben 75. patzen.
Item 6. gulden haben 90. patzen.

Item 7. gulden haben 105. patzen.
Item 8. gulden haben 120. patzen.
Item 9. gulden haben 135. patzen.
Item 10. gulden haben 150. patzen.
Item ein patz hat 4. creutzer.
Item 60. creutzer thun ein gulden.

Wie viel die theil eins Guldens patzen haben.

Item 7. patzen 2. creutzer thun $\frac{1}{2}$. fl.
Item $\frac{1}{3}$. guldens hat 5. patzen.
Item $\frac{2}{3}$. guldens haben 10. patzen.
Item $\frac{1}{5}$. guldens hat 3. patzen.
Item $\frac{2}{5}$. guldens haben 6. patzen.
Item $\frac{3}{5}$. guldens haben 9. patzen.
Item $\frac{4}{5}$. guldens haben 12. patzen.
Item $\frac{1}{6}$. guldens hat 2. patzen 2. creutzer.
Item $\frac{5}{6}$. guldens haben 12. patzen 2. creutzer.
Item $\frac{1}{8}$. guldens ist 1. patzen $3\frac{1}{2}$. creutzer.
Item $\frac{3}{8}$. guldens ist 5. patzen $2\frac{1}{2}$. creutzer.
Item $\frac{5}{8}$. guldens ist 9. patzen $1\frac{1}{2}$. creutzer.
Item $\frac{7}{8}$. guldens ist 13. patzen $0\frac{1}{2}$. creutzer.

Wie viel die theil eins Guldens creutzer haben.

Item $\frac{1}{2}$. guldens ist 30. creutzer.
Item $\frac{1}{3}$. guldens ist 20. creutzer.
Item $\frac{2}{3}$. guldens ist 40. creutzer.

Item

Item $\frac{1}{4}$. guldens ist 15. creutzer.
Item $\frac{3}{4}$. guldens thun 45. creutzer.
Item $\frac{1}{5}$. guldens hat 12. creutzer.
Item $\frac{2}{5}$. guldens haben 24. creutzer.
Item $\frac{3}{5}$. guldens haben 36. creutzer.
Item $\frac{4}{5}$. guldens haben 48. creutzer.
Item $\frac{1}{6}$. guldens hat 10. creutzer.
Item $\frac{5}{6}$. guldens haben 50. creutzer. 55
Item $\frac{1}{8}$. guldens hat $7\frac{1}{2}$. creutzer.
Item $\frac{3}{8}$. guldens haben $22\frac{1}{2}$. creutzer.
Item $\frac{5}{8}$. guldens haben $37\frac{1}{2}$. creutzer.
Item $\frac{7}{8}$. guldens haben $52\frac{1}{2}$. creutzer.

Wie viel ein Creutzer vnd Patz jedes orths pfenning gelte.

Item ein creutzer gilt zu Franckfurt $3\frac{3}{5}$. pfen.
Item 1. patz gilt daselbst $14\frac{2}{5}$. pfen.
Item 1. creutzer gilt zu Nürenberg $4\frac{1}{5}$. pfen.
Item 1. patz gilt daselbst $16\frac{4}{5}$. pfen.
Item 1. creutzer gilt in Osterreich 4. pfen.
Item 1. patz gilt daselbst 16. pfen.
Item ein creutzer gilt in Schwaben $3\frac{1}{2}$. pfen.
Item 1. patz gilt daselbst 14. pfen.
Item ein creutzer gilt 4. heller in golt.
Item ein patz gilt 16. heller in golt.
Item ein schilling in golt hat 3. creutzer/etc.

Wie viel die theil eins Guldens in Schwaben schilling vnd pfenning haben.

Item 15. schilling ist ein fl.
Item 1. schilling hat 30. dl.
Item $\frac{1}{2}$. guldens ist 3. schilling 15. dl.
Item $\frac{1}{3}$. guldens ist 2. ß. 10. dl.
Item $\frac{2}{3}$. guldens ist 4. ß. 20. dl.
Item $\frac{1}{4}$. guldens ist 1. ß. 22$\frac{1}{2}$. dl.
Item $\frac{3}{4}$. guldens haben 5. ß. 7$\frac{1}{2}$. pfen.
Item $\frac{1}{5}$. guldens hat 1. ß. 12. dl.
Item $\frac{2}{5}$. guldens haben 2. ß. 24. dl.
Item $\frac{3}{5}$. guldens haben 4. ß. 6. dl.
Item $\frac{4}{5}$. guldens haben 5. ß. 18. dl.
Item $\frac{1}{6}$. guldens hat 1. ß. 5. dl.
Item $\frac{5}{6}$. guldens haben 5. ß. 25. dl.

Wie viel die theil eins guldens zu Wien in Osterreich schilling vnd pfenning haben.

Item 1. gulden hat 8. schilling.
Item 1. schilling hat 30. pfenning.
Item $\frac{1}{2}$. guldens hat 4. ß.
Item $\frac{1}{3}$. guldens ist 2. ß. 20. dl.
Item $\frac{2}{3}$. guldens ist 5. ß. 10. dl.
Item $\frac{1}{4}$. guldens ist 2. ß.
Item $\frac{3}{4}$. guldens ist 6. ß.
Item $\frac{1}{5}$. guldens ist 1. ß. 18. dl.

Item

Item $\frac{2}{5}$. guldens ist 3. ß. 6. pfen.
Item $\frac{3}{5}$. guldens ist 4. ß. 24. pfen.
Item $\frac{4}{5}$. guldens ist 6. ß. 12. pfen.
Item $\frac{1}{6}$. guldens ist 1. ß. 10. pfen.
Item $\frac{5}{6}$. guldens ist 6. ß. 20. pfen.
Item $\frac{1}{8}$. guldens ist 1. ß.
Item $\frac{7}{8}$. guldens ist 7. ß.

Wie viel die theil der schilling Schwäbisch vnd Osterreichischer müntz Pfenning haben.

Die theil dieser schilling seind gleich den theilen der Nürenberger pfunde / weil sie auß einer zahl genommen werden.

Wie viel zu Nürenberg / Würtzburg / vnd darumb die Fuder / Eymer / Maß / vnd andere vndertheilung haben.

Item 1. Eymer hat 64. Maß nach der Visier vnd Eich.
Item der Eymer hat 68. schenck Maß.
Item ein Fuder hat 12. Eymer.
Item ein Fuder hat 768. maß der Eich.
Item 1. Fuder hat 816. maß so man schencket.
Item 1. Viertheil hat 2. Maß.
Item ein Maß hat 2. Seidlin.

Wie viel zu Leiptzig vnd darumb die Fuder vnd Eymer maß haben.

Item ein Eymer hat 54. Maß an der Visir.
Item sonsten hat er 58. schenck Maß.
Item 12. Eymer thun ein fuder.
Item 4. maß thun ein Stübichen.
Item ein maß hat 2. Nössel.

Wie viel die Monat eins Jars tag haben / vnd anders / so hiezu gehörig.

Item Januarius hat 31. tag.
Item Februarius in gemeinen jaren 28. aber in Schaltjaren 29. tag.

Zuwissen ist / daß ein Jar gerechnet wirdt für 365 $\frac{1}{4}$. tag / damit nun der bruch ergäntzt werde / so wartet man damit so lang / biß 4. jar verlauffen / vnd gibt dem vierdten jar ein tag zu für $\frac{4}{4}$. tags / das nechste jar vor Christi geburt war ein Schaltjar / vnd hielt 366. Tage / Daher kompts / daß man (zu erkennen ein Schaltjar) die Jarzahl diuidirt in 4. vnd so nichts bleibt / ists ein Schaltjar / als 1556. Item 1560. seind Schaltjar / dann in 4. getheilt / lassen sie nichts vber / vnnd hat solche ordnung der Jar Julius Cæsar mit hülff eines berhümbten Mathematici Sosigenis erstlich auffgericht / die nun ge-

weret

weret hat mehr dann 1600. jar / Doch seind die jar vmb gar ein wenig zu groß / dauon hie nicht weiter noth zu reden ist.

Item Martius hat 31.tag.
Item Aprilis hat 30.tag.
Item Maius hat 31.tag.
Item Junius hat 30.tag.
Item Julius hat 31. tag.
Item Augustus hat 31.tag.
Item September hat 30.tag.
Item October hat 31.tag.
Item Nouember hat 30.tag.
Item December hat 31.tag.
Item 52.wochen vnd 1.tag ist ein gemein jar.
Item 52. wochen 2. tag thun ein schaltjar.
Item 7.tag thun ein wochen.
Item ein tag vnd sein nacht thun 24. stunden.
Item ein gemein Jar hat 365. tag.
Item ein Schaltjar hat 366.tag.
Item ein gemein jar hat 8760. stund.
Item ein Schaltjar hat 8784. stund.
Item vier jar haben 35064. stund.
Item ein stund hat 60. minuten.
Item ein minut hat 60.secunden.
Item ein secund hat 60.tertz/rc.

Vom Gewicht in gemein

wie viel die theil eins pfundts loth haben/sampt anderm hie zu dienstlich.

Item 32. loth thun 1. lb.
Item $\frac{1}{2}$. pfundts ist 16. loth.
Item $\frac{1}{4}$. pfundts ist 8. loth.
Item $\frac{3}{4}$. pfundts ist 24. loth.
Item $\frac{1}{8}$. pfundts ist 4. loth.
Item $\frac{3}{8}$. pfundts ist 12. loth.
Item $\frac{5}{8}$. pfundts ist 20. loth.
Item $\frac{7}{8}$. pfundts ist 28. loth.
Item 1. loth hat 4. qu.
Item 1. quint hat 4. pfenning gewicht.
Item ein pfenning gewicht hat 2. hlr. gewicht.
Item ein pfundt hat 128. qu.
Item ein pfundt hat 512. pfenning gewicht.
Item ein pfundt hat 1024. heller gewicht.

Wie viel die theil einer marck loth etc. haben.

Item 1. Marck hat 16. loth.
Item $\frac{1}{2}$. Marck ist 8. loth.
Item $\frac{1}{4}$. Marck ist 4. loth.
Item $\frac{3}{4}$. Marck ist 12. loth.
Item $\frac{1}{8}$. Marck ist 2. loth.
Item $\frac{3}{8}$. Marck ist 6. loth.

Item

Item $\frac{5}{8}$.marck ist 10.loth.
Item $\frac{7}{8}$.marck ist 14.loth.
Item 1.marck hat 64.q.
Item 1. marck hat 256.pfenning gewicht.
Item 1. marck hat 512. hlr. gewicht.

Wie viel die theil einer marck karat haben.

Item 24. Karat ist ein marck.
Item $\frac{1}{2}$. marck ist 12.karat.
Item $\frac{1}{3}$.marck ist 8.karat.
Item $\frac{2}{3}$.marck ist 16. karat.
Item $\frac{1}{4}$.marck ist 6.karat.
Item $\frac{3}{4}$.marck ist 18. karat.
Item $\frac{1}{6}$. marck ist 4. karat.
Item $\frac{5}{6}$.marck ist 20. karat.
Item $\frac{1}{8}$. marck ist 3. karat.
Item $\frac{3}{8}$. marck ist 9. karat.
Item $\frac{5}{8}$. marck ist 15. karat.
Item $\frac{7}{8}$. marck ist 21. karat.
Item ein karat hat 4. gran.
Item ein gran hat 3. gren.
Item ein marck hat 96.gran.
Item ein marck hat 288. gren.
Item 2. loth thun 3. karat.

Von etlicher dinge zahl in gemein.

Innhalt dieses Rechenbůchleins.

M. D. LXXVIII.